Stephen W. Hawking

Anfang oder Ende?

*Aus dem Englischen
von Theo Kierdorf*

**WILHELM HEYNE VERLAG
MÜNCHEN**

HEYNE SACHBUCH
Nr. 19/278

Titel der Originalausgabe:

IS THE END IN SIGHT FOR THEORETICAL PHYSICS? –
AN INAUGURAL LECTURE

Die englische Originalausgabe erschien 1980 bei
The Press Syndicate of the University of Cambridge

Die Bearbeitung der Taschenbuchausgabe
besorgte Guido Kurth

BILDNACHWEIS

Focus 103,107; Deutsche Presse-Agentur 101; Keystone 97, 99; ⸗
Süddeutscher Verlag/Bilderdienst 104, 106

2. Auflage

Um ein Nachwort und eine Autorenbiographie
erweiterte Taschenbuchausgabe
im Wilhelm Heyne Verlag GmbH & Co. KG, München
Copyright © der deutschen Ausgabe
1991 by Junfermannsche Verlagsbuchhandlung, Paderborn
Copyright © der englischen Ausgabe
1980 by Cambridge University Press
Printed in Germany 1994
Umschlagillustration: Manni Mason's Pictures, Cambridge
Umschlaggestaltung: Atelier Adolf Bachmann, Reischach
Herstellung: H + G Lidl, München
Satz: Fotosatz Völkl, Puchheim
Druck und Verarbeitung: Pressedruck Augsburg

ISBN 3-453-07035-6

Inhalt

Vorwort
7

Ist das Ende der theoretischen Physik nicht
mehr fern?
13

Anfang vom Ende oder nur Etappe der
theoretischen Physik? – Ein kurzer Blick zurück
von Guido Kurth
69

Über Stephen W. Hawking
95

Vorwort

Ich habe den hier veröffentlichten Vortrag im April 1980 als Inauguralvorlesung anläßlich der Übernahme des Lucasischen Lehrstuhls für Mathematik an der Universität Cambridge gehalten. Zu meinen Vorgängern zählen Sir Isaac Newton, der als erster die Gesetze der Physik in mathematischer Form erfaßte, und Paul Dirac, einer der Begründer der Quantenmechanik. Mein Ziel war, einen Überblick über die ungeheuren Fortschritte im Verständnis der Gesetze, die das Universum beherrschen, zu geben, und über die Möglichkeit zu diskutieren, daß wir in nicht allzu ferner Zukunft eine vollständige vereinheitlichte Theorie finden werden.

Zur Zeit, als ich jenen Vortrag
hielt, war die sogenannte N=8-
Theorie der Supergravitation diejenige, auf die man hinsichtlich
einer vereinheitlichten Theorie
die größte Hoffnung setzte. Dabei handelte es sich um eine Erweiterung von Einsteins Allgemeiner Relativitätstheorie. In
dieser Theorie gab es eine Anzahl von neuen Teilchen sowie
das Graviton, das Teilchen, das
die Schwerkraft repräsentiert.
Alle diese Teilchen stehen durch
eine Supersymmetrie zueinander in Beziehung, und man kann
sie als verschiedene Aspekte eines einzigen Superteilchens betrachten. Diese Theorie hat viele
erfreuliche Eigenschaften, und
sie scheint viele der unendlichen
Größen zu vermeiden, die in vereinheitlichten Theorien auftau-
chen. Es war jedoch nicht klar,
daß diese Theorie *alle* mögli-

chen Unendlichkeiten vermeiden würde. In den letzten zehn Jahren hat sich die Aufmerksamkeit deshalb auf eine neue Klasse von Theorien verlagert, die Superstrings genannt werden. Auch sie haben eine spezielle Symmetrie, die als Supersymmetrie bezeichnet wird, doch in diesem Fall sind die Basisobjekte nicht punktförmige Teilchen wie das Graviton und das Elektron, sondern ausgedehnte Objekte wie Stringschleifen *(loops of string)*. Die Idee ist, daß das, was uns als punktförmige Teilchen erscheint, in Wirklichkeit Wellen auf den Stringschleifen sind. Weil die Basisobjekte ausgedehnt sind, scheinen die Stringtheorien die Divergenzen zu vermeiden, die bei punktförmigen Teilchen auftreten.

Es ist noch nicht klar, ob die Superstring-Theorie eine konsi-

stente Theorie des Universums
zu liefern vermag, und man hat
auch noch nicht herausgefunden,
wie man diese Theorie benutzt,
um Größen zu berechnen, die
wir messen können. Doch das
zentrale Thema meines Vortrags
war, ob wir in absehbarer Zukunft eine vollständige Theorie
der Natur entwickeln könnten.
Ob dies die Supergravitations-
theorie, die Superstring-Theorie
oder etwas anderes ist, woran
wir im Augenblick noch gar nicht
denken, ist weniger wichtig, als
daß eine vereinheitlichte Theorie möglich sein müßte und daß
wir nahe daran sind, sie zu formulieren. Im Jahre 1980 habe ich
geschätzt, die Chancen stünden
fünfzig zu fünfzig, daß wir eine
solche Theorie vor Ende des
Jahrhunderts finden werden. Ich
glaube immer noch, daß die
Chancen fünfzig zu fünfzig ste-

hen, daß wir eine solche Theorie in den nächsten zwanzig Jahren finden werden, aber diesmal beginnen die zwanzig Jahre elf Jahre später.

Juli 1991
Stephen W. Hawking

Ist das Ende der theoretischen Physik nicht mehr fern?

In diesem Vortrag möchte ich die Möglichkeit diskutieren, daß das Ziel der theoretischen Physik in nicht allzu ferner Zukunft erreicht sein könnte, ungefähr zum Ende dieses Jahrhunderts. Damit meine ich, daß wir zu diesem Zeitpunkt eine vollständige, zusammenhängende vereinheitlichte Theorie der physikalischen Zusammenhänge haben könnten, die alle möglichen Beobachtungen beschreiben würde. Natürlich muß man mit solchen Voraussagungen sehr vorsichtig sein: Wir haben schon mindestens zweimal geglaubt, wir stünden kurz vor der abschließenden Synthese. Zu

Auf der Schwelle zur Vollendung der Physik

Beginn unseres Jahrhunderts glaubte man, alles könne im Sinne der Kontinuumsmechanik interpretiert werden. Damals meinte man, es genüge, eine gewisse Anzahl von Koeffizienten wie Elastizität, Viskosität, Leitfähigkeit usw. zu messen. Diese Hoffnung wurde jedoch durch die Entdeckung der atomaren Struktur und der Quantenmechanik erschüttert. Ende der zwanziger Jahre verkündete Max Born dann wieder einer Gruppe von Wissenschaftlern in Göttingen: »Die Physik, so wie wir sie kennen, wird in sechs Monaten nicht mehr existieren.« Dies war, kurz nachdem Paul Dirac, einer derjenigen, die vor mir den Lucasischen Lehrstuhl für Mathematik innehatten, die Dirac-Gleichung formuliert hatte, welche das Verhalten des Elektrons beschreibt. Man erwartete, daß

Erste Versuche zur Vereinheitlichung scheitern

es eine ähnliche Gleichung auch für das Proton geben müsse, das einzige andere Teilchen, das zu jener Zeit bekannt war und das man für elementar hielt. Doch die Entdeckung des Neutrons und der Nuklearkräfte ent-

Enttäuschte Hoffnungen

täuschte diese Hoffnungen. Wir wissen heute, daß weder das Proton noch das Neutron echte Elementarteilchen sind, daß sie vielmehr aus kleineren Partikeln zusammengesetzt sind. Dennoch haben wir in den letzten Jahren große Fortschritte gemacht, und wie ich noch beschreiben werde, gibt es Gründe anzunehmen, daß einige der hier Anwesenden die Entdeckung einer vollständigen Theorie noch erleben werden.

Selbst wenn wir zu einer vollständigen einheitlichen Theorie gelangen sollten, wären wir immer noch nicht in der Lage, detaillierte Voraussagen über mehr als die allereinfachsten Situationen zu machen. Beispielsweise kennen wir schon heute die physikalischen Gesetze, die alles beschreiben, was wir im Alltag erleben: Wie Dirac sagte, war seine Gleichung die Grundlage »des größten Teils der Physik und der gesamten Chemie«. Doch haben wir die Gleichung nur für das allereinfachste System lösen können: für das Wasserstoffatom, das aus einem Proton und einem Elektron besteht. Bei komplizierteren Atomen mit mehr Elektronen – einmal ganz abgesehen von Molekülen mit mehr als einem Atomkern – müssen wir zu Näherungsverfahren und intuitiven Annahmen von zweifelhafter Gültigkeit Zuflucht nehmen. Für makroskopische Systeme, die aus 10^{23} Teilchen oder einer ähnlichen Zahl dieser Größenordnung bestehen, müs-

Viel-Teilchen-Systeme als Problem

sen wir statistische Methoden bemühen und jeden Versuch, die Gleichungen exakt zu lösen, aufgeben. Obwohl wir im Prinzip die Gleichungen kennen, die die gesamte Biologie beschreiben, ist es uns noch nicht gelungen, das Studium des menschlichen Verhaltens zu einem Zweig der angewandten Mathematik zu reduzieren.

Was ist eine »vollständige einheitliche Theorie«?

Doch was ist mit einer vollständigen einheitlichen Theorie der Physik gemeint? Unsere Versuche, ein Modell der physikalischen Wirklichkeit zu entwickeln, bestehen normalerweise aus zwei Teilen:

1. Aus einer Reihe von lokalen Abhängigkeiten verschiedener physikalischer Größen, die als gewöhnliche Differentialgleichungen formuliert werden.
2. Aus einer Reihe von Grenzbe-

dingungen, die etwas über den Zustand bestimmter Regionen des Universums zu einer bestimmten Zeit aussagen und darüber, welche Auswirkungen aus dem restlichen Universum sich in den speziellen Bereich hinein fortpflanzen.

Viele Menschen sind vermutlich der Ansicht, daß die Aufgabe der Wissenschaft sich auf den ersten dieser beiden Punkte beschränkt und daß die theoretische Physik ihr Ziel erreicht hat, wenn wir über eine vollständige Sammlung lokaler physikalischer Gesetze verfügen. Sie meinen, daß die Frage nach der Situation am Anfang des Universums dem Bereich der Metaphysik oder der Religion angehört. In gewisser Weise ähnelt diese Einstellung der von jenen, die in früheren Jahrhunderten gegen

Lokale Gesetze sind nicht alles

die wissenschaftliche Forschung eintraten, indem sie sagten, alle Naturphänomene seien Gottes Werk, und deshalb solle man sie nicht untersuchen. Ich bin der Meinung, daß der Anfangszustand des Universums sich ebenso zur wissenschaftlichen Erforschung und zur Theoriebildung eignet wie die lokalen physikalischen Gesetze. Wir werden erst dann eine vollständige Theorie haben, wenn wir mehr zu sagen vermögen als: »Die Dinge sind so, wie sie sind, weil sie so waren, wie sie waren.«

Die Rolle der Anfangsbedingungen in der Physik

Die Frage der Einzigartigkeit der Anfangsbedingungen hängt eng mit derjenigen der Willkürlichkeit der lokalen physikalischen Gesetze zusammen: Man kann eine Theorie nicht als vollständig bezeichnen, wenn sie eine Reihe von Parametern wie Massen oder Kopplungskonstanten enthält, die jeden beliebigen Wert annehmen können. In der Tat scheint es so, als wären weder der Anfangszustand noch die Werte der Parameter in der Theorie willkürlich, sondern im Gegenteil sehr exakt bestimmt. Wenn beispielsweise die Proton-Neutron-Massendifferenz nicht ungefähr dem Doppelten der Masse des Elektrons entspräche, würde man nicht die mehreren Hundert stabilen Nukleide erhalten, aus denen die Elemente bestehen, die die Grundlage der Chemie und Biologie sind. Wäre die Masse des Protons hingegen signifikant anders, so wären keine Sterne entstanden, in welchen diese Nukleide hätten aufgebaut werden können; und wenn die anfängliche Ausdehnung des Universums ein wenig kleiner oder größer gewesen wäre, so wäre das Universum entweder in

Physikalische Konstanten sind keine willkürlichen Größen

sich zusammengefallen, bevor sich solche Sterne hätten entwickeln können, oder es hätte sich so schnell ausgedehnt, daß niemals durch gravitative Kondensation Sterne entstanden wären. Tatsächlich sind einige so weit gegangen, diese Einschränkungen, denen der Anfangszustand und die Parameter unterliegen, zu einem Prinzip zu erheben: zum anthropischen Prinzip, das man paraphrasieren könnte mit dem Satz: »Die Dinge sind so, wie sie sind, weil *wir* sind.« Eine Version dieses Prinzips besagt, daß es eine sehr große Zahl von unterschiedlichen separaten Universen gibt, mit unterschiedlichen Werten der physikalischen Parameter und unterschiedlichen Anfangszuständen. Die meisten dieser Universen bieten nicht die erforderlichen Voraussetzungen für die Ent-

Eine Welt nach unserem Maß: das anthropische Prinzip

wicklung jener komplizierten Strukturen, die für die Entstehung intelligenten Lebens erforderlich sind. Nur in einigen wenigen, in denen die Anfangsbedingungen und die Parameter denen unseres eigenen Universums ähneln, kann sich intelligentes Leben entwickeln, und ist es folglich möglich, die Frage zu stellen: »Warum ist das Universum so, wie wir es beobachten?« Die Antwort auf diese Frage lautet natürlich: Wenn es anders wäre, gäbe es niemanden, der diese Frage stellen könnte.

Das anthropische Prinzip liefert eine Art Erklärung für viele der erstaunlichen numerischen Beziehungen, die man zwischen den Werten verschiedener physikalischer Parameter beobachten kann. Doch ist es nicht völlig befriedigend: Man kann sich des Gefühls nicht erwehren, daß es

Das anthropische Prinzip erklärt nicht alles

noch eine tiefer greifende Erklärung geben muß. Außerdem vermag es nicht für alle Bereiche des Universums als Erklärung zu dienen. Beispielsweise ist unser Sonnensystem sicherlich eine Voraussetzung für unsere Existenz, ebenso wie eine frühere Generation benachbarter Sterne, in welchen sich durch nukleare Synthese schwere Elemente bilden konnten. Es könnte sogar sein, daß dazu unsere gesamte Galaxie erforderlich war. Aber es scheint keine Notwendigkeit für die Existenz anderer Galaxien zu geben, ganz abgesehen von den Millionen und Abermillionen, die wir sehen und die einigermaßen gleichmäßig über das gesamte beobachtbare Universum verteilt sind. Diese Homogenität des Universums im Großen macht es schwierig, eine anthropozentrische Sicht aufrechtzuerhalten oder zu glauben, daß die Struktur des Universums durch etwas so Peripheres determiniert sein soll, wie es eine komplizierte Molekularstruktur auf einem kleineren Planeten ist, der einen sehr durchschnittlichen Stern in den äußeren Vorstädten einer ziemlich typischen Spiralgalaxie umkreist.

Wenn wir uns nicht auf das anthropische Prinzip berufen wollen, brauchen wir eine vereinheitlichte Theorie, um die Anfangsbedingungen des Universums und die Werte der verschiedenen physikalischen Parameter zu erklären. Es ist jedoch zu schwierig, sich eine vollständige, alles umfassende Theorie in einem einzigen Anlauf auszudenken (was allerdings manche Leute nicht davon abhält, dies zu versuchen; ich erhalte pro Woche zwei bis drei solcher verein-

Vereinheitlichte Theorie contra anthropisches Prinzip

heitlichten Theorien mit der Post). Statt dessen halten wir nach Teiltheorien Ausschau, die Situationen beschreiben, in denen gewisse Wechselwirkungen ignoriert oder auf einfache Weise approximiert werden können. Zunächst unterteilen wir den Inhalt des Universums in zwei Teile: die »Materie«-Teilchen wie Quarks, Elektronen, μ-Mesonen usw., und »Wechselwirkungen« wie Schwerkraft, Elektromagnetismus usw. Die Materieteilchen werden durch Felder von Spin 1/2 beschrieben, und sie gehorchen dem Paulischen Ausschließungsprinzip, welches verhindert, daß sich mehr als ein Teilchen einer bestimmten Art im gleichen Zustand befindet. Das ist der Grund, weshalb feste Körper existieren können, die nicht zu einem Punkt zusammenstürzen oder sich ins Unend-

Die Zweiteilung der Welt: Materieteilchen und Wechselwirkungen

liche ausbreiten. Die Materieteilchen werden in zwei Gruppen unterteilt, die Hadronen, die
aus Quarks zusammengesetzt
sind, und die Leptonen.

Die Wechselwirkungen wer-
den phänomenologisch in vier
Arten unterteilt. In der Reihen-
folge ihrer Stärke sind dies: die
starke Kernkraft, die zwischen
Hadronen wirkt, die elektromagnetische Kraft, die zwischen geladenen Hadronen und Leptonen wirkt, die schwache Kernkraft, die zwischen allen Hadronen und Leptonen wirkt, und
schließlich die bei weitem
schwächste Kraft, die Schwerkraft, die zwischen allen Teilchen
wirkt. Die Interaktionen werden
durch Felder mit ganzzahligem
Spin beschrieben, welche nicht
dem Paulischen Ausschließungsprinzip unterliegen. Dies bedeutet, daß beliebig viele Teilchen

Die Skala der
Wechsel-
wirkungen

im gleichen Zustand sein können. Im Fall des Elektromagnetismus und der Schwerkraft hat die Interaktion außerdem lange Reichweite, was bedeutet, daß die von einer großen Zahl von Teilchen erzeugten Felder sich zu einem Feld verbinden können, das sich makroskopisch messen läßt. Deshalb wurden für diese beiden Wechselwirkungen als erstes Theorien entwickelt – für die Schwerkraft im siebzehnten Jahrhundert von Newton und für den Elektromagnetismus im neunzehnten Jahrhundert von Maxwell. Doch waren diese beiden Theorien in ihren Grundzügen miteinander unvereinbar, da Newtons Theorie bei gradlinig gleichförmiger Bewegung invariant ist, wohingegen Maxwells Theorie eine bevorzugte Geschwindigkeit definiert: die Lichtgeschwindigkeit. Deshalb

Newton und Maxwell: Erste Beschreibungsversuche für Gravitation und Elektromagnetismus mußte Newtons Theorie der Schwerkraft abgewandelt werden, um sie mit den Invarianz-Eigenschaften der Maxwell-Theorie in Einklang zu bringen. Dies wurde durch Einsteins 1915 formulierte Allgemeine Relativitätstheorie erreicht.

Die Allgemeine Relativitätstheorie der Schwerkraft und Maxwells Theorie der Elektrodynamik waren die sogenannten klassischen Theorien – das heißt, sie bezogen sich auf Größen, die kontinuierlich variabel und zumindest prinzipiell mit beliebiger Genauigkeit meßbar waren. Ein Problem entstand jedoch, wenn man versuchte, mit Hilfe solcher Theorien ein Atommodell zu konstruieren. Man hatte entdeckt, daß das Atom aus einem kleinen, positiv geladenen Kern bestand, der von einer Wolke negativ geladener Elek-

Das Versagen der klassischen Theorien im atomaren Bereich

tronen umgeben war. Man nahm einfach an, daß die Elektronen sich um den Atomkern bewegen, wie die Erde um die Sonne kreist. Doch sagte die klassische Theorie voraus, daß die Elektronen elektromagnetische Wellen ausstrahlen. Diese Wellen würden Energie forttragen und dazu führen, daß die Elektronen spiralförmig in den Kern fallen, was ein Zusammenfallen des Atoms bedeuten würde.

Der geniale Durchbruch: Quantentheorie und Unschärfeprinzip

Dieses Problem wurde durch die ohne jeden Zweifel größte Errungenschaft der theoretischen Physik unseres Jahrhunderts überwunden: die Entdeckung der Quantentheorie. Das grundlegende Postulat dieser Theorie ist das Unschärfeprinzip Heisenbergs, welches besagt, daß man bestimmte Paare von physikalischen Größen, wie beispielsweise Ort und Impuls eines Teilchens, nicht gleichzeitig mit beliebiger Genauigkeit messen kann. Bezogen auf das Atom bedeutete dies, daß das Elektron in seinem niedrigsten Energiezustand nicht im Kern ruhen kann, da in diesem Fall sein Ort und seine Geschwindigkeit beide exakt definiert wären. Statt dessen ist das Elektron mit einer Wahrscheinlichkeitsverteilung um den Kern »verschmiert«. In diesem Zustand kann das Elektron keine Energie in Form elektromagnetischer Wellen ausstrahlen, weil es in keinen niedrigeren Energiezustand übergehen kann.

»Verschmierte« Elektronenbahnen um Atomkerne

In den zwanziger und dreißiger Jahren wurde die Quantenmechanik mit großem Erfolg auf Systeme wie Atome und Moleküle angewendet, die nur eine begrenzte Anzahl von Freiheitsgraden haben. Jedoch traten Schwierigkeiten auf, als man ver-

**Quanten-
mechanik und
Elektromagne-
tismus – die
unvereinbaren
Theorien?**

suchte, diese Theorie auf das elektromagnetische Feld zu übertragen, das eine unendliche Anzahl von Freiheitsgraden hat – grob gesagt zwei für jeden Punkt der Raumzeit. Man kann diese Freiheitsgrade als Oszillatoren betrachten, von denen jeder seinen eigenen Ort und Impuls hat. Diese Oszillatoren können sich nicht im Ruhezustand befinden, denn dann wären ihr Ort und ihr Impuls genau definiert. Statt dessen hat jeder Oszillator ein Minimum von dem, was als »Nullpunkt-Fluktuationen« bezeichnet wird, und eine nicht verschwindende Nullpunktsenergie. Die Energie der Nullpunkt-Fluktuation all der unendlich vielen Freiheitsgrade bewirkt, daß Masse und Ladung des Elektrons unendlich werden.

Um diese Schwierigkeit zu überwinden, wurde Ende der

vierziger Jahre ein Verfahren entwickelt, das als Renormierung bezeichnet wird. Es bestand in einer eher willkürlichen Subtraktion gewisser unendlicher Größen, so daß endliche Werte übrigblieben. Im Fall der Elektrodynamik war es notwendig, zwei derartige Subtraktionen unendlicher Werte durchzuführen, eine für die Masse, die andere für die Ladung des Elektrons. Es ist nie gelungen, dieses Renormierungsverfahren auf eine solide konzeptuelle oder mathematische Basis zu stellen, aber es hat sich in der Praxis recht gut bewährt. Sein großer Erfolg war die Voraussage der »Lamb Shift«, einer kleinen Linienverschiebung im Spektrum des atomaren Wasserstoffs. Doch wenn man versucht, eine vollständige Theorie zu entwickeln, ist dieses Verfahren nicht sonderlich befriedi-

Willkür im Reich der Physik? Die Verfahren der Renormierung

gend, denn es macht keinerlei Aussagen über die Werte der endlichen Reste, die nach der Subtraktion zweier unendlicher Größen übrigbleiben. Somit wären wir wieder auf das anthropische Prinzip angewiesen, um zu erklären, warum das Elektron die Masse und die Ladung hat, die es nun einmal hat.

Während der fünfziger und sechziger Jahre nahm man allgemein an, daß die schwachen und die starken Kernkräfte nicht renormierbar seien – das heißt, daß eine unendliche Zahl von unendlichen Subtraktionen erforderlich wäre, um sie endlich zu machen. Es würde eine unendliche Zahl von endlichen Resten geben, die nicht durch die Theorie determiniert wären. Eine solche Theorie hätte keinerlei Voraussagewert, denn man könnte niemals die unendliche

Zahl der Parameter messen. Im Jahre 1971 zeigte jedoch 'tHooft, daß ein vereinheitlichtes Modell der elektromagnetischen und schwachen Wechselwirkungen, welches schon zu einem früheren Zeitpunkt von Salam und Weinberg vorgeschlagen worden war, tatsächlich mit einer begrenzten Zahl von unendlichen Subtraktionen renormierbar war. Nach der Salam-Weinberg-Theorie gibt es außer dem Photon, dem Spin-1-Teilchen und Träger der elektromagnetischen Wechselwirkung, noch drei weitere Spin-1-Teilchen: W^+, W^- und Z^0. Bei sehr hohen Energien verhalten sich diese vier Teilchen ähnlich. Während bei sehr hohen Energien für alle vier Teilchen ähnliches Verhalten vorausgesagt wird, beruft man sich bei niedrigeren Energien auf ein Phänomen, das als »spontane Symmetriebrechung«

Erste Erfolge bei der Vereinheitlichung: die Theorie der schwachen und elektromagnetischen Wechselwirkungen von Salam und Weinberg bezeichnet wird, um die Tatsache zu erklären, daß das Photon verschwindende Ruhemasse hat, wohingegen W^+, W^- und Z^0 allesamt massenreich sind. Die Voraussagen für den niedrigen Energiebereich stimmen alle in erstaunlichem Maße mit Messungen überein. Dies veranlaßte die Schwedische Akademie 1979 dazu, Salam, Weinberg und Glashow den Nobelpreis für Physik zu verleihen – letzterer hatte ebenfalls ähnliche vereinheitlichte Theorien entwickelt. Jedoch machte selbst Glashow darauf aufmerksam, daß das Nobelpreis-Komitee sich mit der Vergabe des Preises auf ein ziemliches Glücksspiel eingelassen habe, weil wir noch nicht über Teilchenbeschleuniger verfügen, die eine genügend hohe Energie erzeugen, um die Theorie in dem Bereich zu überprüfen, in dem es tatsächlich zur Vereinigung zwischen der elektromagnetischen Kraft des Photons und der schwachen Kernkraft der W^+-, W^- und Z^0-Teilchen kommt. Teilchenbeschleuniger von ausreichender Energie werden erst in ein paar Jahren verfügbar sein, und die meisten Physiker sind zuversichtlich, daß sie die Salam-Weinberg-Theorie bestätigen werden.

Der Erfolg der Salam-Weinberg-Theorie führte dazu, daß man nach einer ähnlichen renormierbaren Theorie für die starken Wechselwirkungen suchte. Schon ziemlich früh erkannte man, daß das Proton und andere Hadronen wie das π-Meson keine wirklichen Elementarteilchen sein konnten, sondern daß es sich dabei um gebundene Zustände anderer Teilchen handeln mußte, die Quarks genannt wer-

Sind starke Wechselwirkungen renormierbar?

den. Obwohl sie sich innerhalb eines Hadrons ziemlich frei bewegen können, treten sie nie einzeln, sondern immer in Gruppen von drei auf (wie im Proton oder im Neutron) oder als Quark-und-Antiquark-Paar (wie das π-Meson). Um dies zu erklären, wurde den Quarks je ein Merkmal zugeordnet, das als »Farbe« *(colour)* bezeichnet wird. Es sei ausdrücklich darauf hingewiesen, daß dies nichts mit unserer normalen menschlichen Farbwahrnehmung zu tun hat; Quarks sind viel zu klein, als daß man sie sehen könnte. Es handelt sich nur um eine Analogie. Die Idee beinhaltet, daß Quarks in drei »Farben« auftreten, in Rot, Grün und Blau, daß jedoch jeder isolierte gebundene Zustand wie beispielsweise ein Hadron »weiß« sein muß, entweder in Form einer Mischung aus Rot,

»Bunte« Teilchen im Verbund: Quarks

Grün und Blau wie beim Proton
oder in Form einer Mischung aus
Rot und Antirot, Grün und An-
tigrün und Blau und Antiblau
wie beim π-Meson.

Die starke Wechselwirkung
zwischen den Quarks scheint
(ebenso wie die Teilchen der
schwachen Wechselwirkung) von
Teilchen mit dem Spin 1 repräsentiert zu werden: den Gluonen. Auch die Gluonen haben
die »Farb«-Eigenschaft, und sie
und die Quarks unterliegen einer renormierbaren Theorie, die
als   Quanten-Chromodynamik
oder kurz QCD bezeichnet wird.
Eine Konsequenz des Renormie-
rungsvorgangs ist, daß die effektive   Kopplungskonstante   der
Theorie von der Energie abhängig ist, bei der sie gemessen wird,
und daß sie bei sehr hohen Energien gegen Null geht. Dieses
Phänomen wird als »asymptoti-

Quanten-Chro-
modynamik:
Die starke
Wechselwir-
kung läßt sich
beschreiben

sche Freiheit« bezeichnet, was bedeutet, daß Quarks innerhalb eines Hadrons sich fast wie freie Teilchen verhalten, so daß ihre Wechselwirkungen erfolgreich mittels der Perturbations- (= Störungs-)theorie *(perturbation theory)* behandelt werden. Die Voraussagen befinden sich zwar in befriedigender qualitativer Übereinstimmung mit der experimentellen Beobachtung, aber man kann noch nicht behaupten, daß die Theorie experimentell verifiziert ist. Bei niedrigen Energien wird die effektive Kopplungskonstante sehr groß, was dazu führt, daß die Voraussetzung für diese Theorie nicht erfüllt ist. Man hofft, daß diese »Infrarot-Sklaverei« erklären wird, warum Quarks stets auf weiße gebundene Zustände beschränkt sind, doch bisher ist es niemandem gelungen, dies wirklich überzeugend zu demonstrieren.

Nachdem man eine renormierbare Theorie für die starke Wechselwirkung und eine andere für die schwache und elektromagnetische Wechselwirkung gefunden hatte, war es natürlich folgerichtig, nach einer Verbindung beider Ausschau zu halten. Solchen Theorien gibt man den stark übertreibenden Namen »Große Vereinheitlichte Theorie« *(Grand Unified Theory)* oder abgekürzt GUT. Diese Bezeichnung ist ziemlich irreführend, denn solche Theorien sind weder so groß, wie es den Anschein erwecken mag, noch sind sie völlig vereinheitlicht. Außerdem handelt es sich dabei auch nicht um wirklich vollständige Theorien, da sie eine Reihe von nicht eindeutig festgelegten Renormierungsparametern wie

Große Vereinheitlichte Theorien – die Verbindung der starken, schwachen und elektromagnetischen Wechselwirkungen

Kopplungskonstanten und Massen enthalten. Dennoch kann es sich dabei um einen bedeutenden Schritt in Richtung auf eine vollständige vereinheitlichte Theorie hin handeln. Die Grundidee ist, daß die effektive Kopplungskonstante der starken Wechselwirkung, die bei niedrigen Energien groß ist, wegen der asymptotischen Freiheit bei hohen Energien abnimmt. Die effektive Kopplungskonstante der Salam-Weinberg-Theorie andererseits, die bei niedrigen Energien klein ist, wächst bei hohen Energien, weil diese Theorie keine asymptotische Freiheit hat. Wenn man die Zu- bzw. Abnahme der Kopplungskonstanten von den niedrigen zu hohen Energien extrapoliert, stellt man fest, daß sie bei einer Energie von ungefähr 10^{15} GeV gleich werden. Die Theorien postulie-

Gegenläufige Kopplungskonstanten

ren, daß oberhalb dieser Energie die starke Wechselwirkung mit der schwachen und elektromagnetischen vereinigt wird. Bei niedrigeren Energien jedoch kommt es zu der spontanen Symmetriebrechung.

Eine Energie von 10^{15} GeV liegt weit jenseits des Bereichs jedes Laborexperiments: Die heutige Generation von Teilchenbeschleunigern kann Energien von ungefähr 10 GeV erzeugen, bei der nächsten Generation werden es Energien von etwa 100 GeV sein. Dies wird ausreichen, um den Energiebereich zu erforschen, in dem die elektromagnetische Kraft sich gemäß der Salam-Weinberg-Theorie mit der schwachen Kraft vereinigt. Es wird aber sicherlich nicht ausreichen, um in den ungeheuer hohen Energiebereich zu kommen, in dem sich nach der

Lassen sich Große Vereinheitlichte Theorien experimentell bestätigen?

Teilchen-
lebensdauer als
Ergebnis der
Großen Ver-
einheitlichten
Theorie

theoretischen Voraussage die schwache und elektromagnetische Wechselwirkung mit der starken Wechselwirkung vereinigen sollte. Trotzdem kann es Voraussagen über niedrige Energien von seiten der Großen Vereinheitlichten Theorien geben, welche sich im Labor untersuchen lassen. Beispielsweise sagen die Theorien voraus, daß das Proton nicht völlig stabil sein kann, sondern daß es mit einer durchschnittlichen Lebenszeit der Größenordnung von 10^{31} Jahren verfallen müßte. Die derzeitige experimentelle Untergrenze hinsichtlich der Lebenszeit liegt bei 10^{30} Jahren, und es müßte möglich sein, diesen Wert zu verbessern.

Eine weitere beobachtbare Voraussage betrifft das Verhältnis von Baryonen zu Photonen im Universum. Die Gesetze der

43

nen für Teilchen und
gleich zu sein. Ge-
nauer gesagt: Sie sind die gleichen, wenn man Teilchen durch
Antiteilchen ersetzt, wenn
rechtsdrehende durch linksdrehende ersetzt werden und wenn
die Geschwindigkeiten aller Teilchen umgekehrt werden. Dies
wird als CPT-Theorem bezeichnet, und es ist eine Konsequenz
von grundlegenden Voraussetzungen, die in jeder plausiblen
Theorie berücksichtigt werden
sollten. Doch bestehen die Erde
und das gesamte Sonnensystem
aus Protonen und Neutronen ohne jegliche Antiprotonen und
Antineutronen. In der Tat ist
ein solcher Ungleichgewichtszu-
stand zwischen Teilchen und Antiteilchen eine weitere *A-priori-*
Voraussetzung für unsere Existenz: Bestünde nämlich das
Sonnensystem aus einer ausge-

Teilchen, Anti-
teilchen und das
CPT-Theorem

Ein Universum fast ohne Antiteilchen?

glichenen Mischung von Teilchen und Antiteilchen, so würden diese einander vernichten, und es würde lediglich Strahlung übrigbleiben. Da eine solche Strahlung bisher nicht beobachtet wurde, können wir schließen, daß unsere Galaxie vollständig aus Teilchen besteht und daß es keine relevanten Mengen von Antiteilchen darin gibt. Hinsichtlich anderer Galaxien haben wir in dieser Hinsicht zwar keine direkten Beweise vorliegen, aber es ist wahrscheinlich, daß sie aus Teilchen bestehen und daß es im gesamten Universum einen Überschuß an Teilchen gegenüber den Antiteilchen gibt, der bei einem [Anti-]Teilchen pro 10^8 Photonen liegt. Man könnte versuchen, dies zu erklären, indem man sich auf das anthropische Prinzip beruft. Doch auch die Großen Vereinheitlichten

Theorien liefern einen Mechanismus zur Erklärung dieses Ungleichgewichtszustandes. Obgleich alle Wechselwirkungen unter der Kombination von C (Ersetzung von Teilchen durch Antiteilchen), P (Ersetzung von rechtsdrehenden durch linksdrehende Teilchen) und T (Zeitumkehrung) gleich zu bleiben scheinen, gibt es doch Wechselwirkungen, die unter T allein nicht invariant sind. Im frühen Universum, in dem es durch die Expansion einen sehr markanten Zeitpfeil gegeben hat, konnten diese Wechselwirkungen mehr Teilchen als Antiteilchen produzieren. Doch ist ihre Zahl sehr modellabhängig, weshalb Übereinstimmung mit experimentellen Beobachtungen kaum eine Bestätigung für die Großen Vereinheitlichten Theorien ist.

Bisher hat man sich haupt-

Wechselwirkungen und Antiteilchen: modellabhängige Produktionsraten

Zu schwach?
Die Schwierig-
keiten bei der
Einbeziehung
der Gravitation
in eine Verein-
heitlichte
Theorie.

sächlich mit der Vereinigung der ersten drei Kategorien physikalischer Wechselwirkungen beschäftigt: der starken und der schwachen Nuklearkräfte und des Elektromagnetismus. Die vierte und letzte, die Gravitation, wurde bisher vernachlässigt. Eine Erklärung hierfür ist, daß die Schwerkraft so schwach ist, daß Quantengravitationseffekte erst bei Teilchenenergien groß sind, die weit jenseits derjenigen in jedem Teilchenbeschleuniger liegen. Eine andere Erklärung lautet, daß die Gravitation nicht renormierbar zu sein scheint: Um endliche Ergebnisse zu erhalten, muß man offenbar unendlich viele unendliche Subtraktionen durchführen, mit einer entsprechenden unendlichen Zahl unbestimmter endlicher Reste. Um jedoch eine vollständige vereinheitlichte Theorie zu erhalten, muß man die Gravitation einbeziehen. Außerdem sagt die Klassische Relativitätstheorie voraus, daß es Raumzeit-Singularitäten geben müsse, bei denen das Gravitationsfeld unendlich stark wird. Diese Singularitäten sollen in der Vergangenheit beim Beginn der derzeitigen Ausdehnung des Universums (dem Big Bang oder Urknall) aufgetreten sein, und sie sollen in der Zukunft beim gravitationalen Kollaps von Sternen und möglicherweise auch des gesamten Universums auftreten. Die Voraussage von Singularitäten weist vermutlich darauf hin, daß die Klassische Theorie in diesem Bereich ungültig ist. Doch scheint es keinen Grund dafür zu geben, warum sie ungültig sein sollte, bevor das Gravitationsfeld so stark wird, daß Quantengravitationseffekte

Singularitäten: Beschränkungen der Gültigkeit der Klassischen Relativitätstheorie?

Quanten-
gravitation im
Bereich der
Singularitäten –
eine mögliche
Erklärung der
Anfangsbe-
dingungen?

wichtig werden. Deshalb ist eine Quantentheorie der Schwerkraft unverzichtbar, wenn wir das frühe Universum beschreiben wollen und wenn wir eine Erklärung für die Anfangsbedingungen finden wollen, die über die bloße Berufung auf das anthropische Prinzip hinausgeht.

Eine solche Theorie ist auch erforderlich, wenn wir die folgende Frage beantworten wollen: »Hat Zeit wirklich einen Anfang und möglicherweise ein Ende, so wie es die Allgemeine Klassische Relativitätstheorie voraussagt, oder entstehen die Singularitäten beim Big Bang und beim Big Crunch auf irgendeine Weise durch Quanteneffekte?« Es ist sehr schwierig, auf diese Frage eine exakte Antwort zu geben, wenn die Struktur von Raum und Zeit selbst Gegenstand des Unschärfeprinzips ist.

Mein persönliches Gefühl ist, daß Singularitäten wahrscheinlich existieren, obwohl man die Zeit in einem gewissen mathematischen Sinne über die Singularität hinaus fortsetzen kann. Doch würde damit jedes subjektive Zeitkonzept in Beziehung zum Bewußtsein oder zur Meßfähigkeit hinfällig.

Was beinhaltet die Aussicht auf eine Quantentheorie der Schwerkraft und auf deren Vereinigung mit den anderen drei Wechselwirkungen? Die größte Hoffnung scheint in einer Erweiterung der Allgemeinen Relativitätstheorie zu liegen, die als Supergravitation bezeichnet wird. Dabei wird das Graviton, ein Spin-2-Teilchen, das die Wechselwirkung der Gravitation repräsentiert, durch sogenannte Super-Symmetrie-Transformationen zu einer Anzahl anderer

Das Verschwinden der Zweiteilung der Welt in der Theorie der Supergravitation

Felder mit niedrigerem Spin in Beziehung gesetzt. Einer solchen Theorie kommt das Verdienst zu, die alte Unterteilung zwischen »Materie« – durch Teilchen mit halbzahligem Spin repräsentiert – und »Wechselwirkungen« – durch Teilchen mit ganzzahligem Spin repräsentiert – zu vermeiden. Außerdem hat sie den Vorteil, daß viele der divergierenden Größen, die in der Quantentheorie entstehen, einander aufheben. Ob sie einander wirklich alle aufheben, so daß eine endliche Theorie ohne jegliche unendliche Subtraktionen entsteht, ist noch nicht klar. Man hofft dies allerdings, weil man nachweisen kann, daß Theorien, welche die Gravitation umfassen, entweder endlich oder nicht renormierbar sind. Das heißt, wenn man irgendwelche unendlichen Subtraktionen durchführen muß, so muß man unendlich viele durchführen, wodurch entsprechend unendlich viele Reste entstehen. Sollte sich also herausstellen, daß alle divergierenden Größen in der Supergravitation einander aufheben, so könnten wir eine Theorie erhalten, die nicht nur alle Materieteilchen und alle Wechselwirkungen vereinigen würde, sondern die auch vollständig in dem Sinne wäre, daß sie keine unbestimmten Renormierungsparameter hätte.

Obwohl wir noch nicht über eine Quantentheorie der Gravitation verfügen – einmal ganz abgesehen von einer Theorie, die Gravitation mit den übrigen Wechselwirkungen vereinigt –, haben wir doch eine Vorstellung davon, welche Eigenschaften eine solche Theorie haben sollte. Eine dieser Eigenschaften steht

Schwerkraft
und Kausal-
struktur der
Raumzeit

in Verbindung mit der Tatsache, daß die Schwerkraft die Kausalstruktur der Raumzeit beeinflußt. Das heißt: Die Gravitation bestimmt, welche Ereignisse kausal zueinander in Beziehung gesetzt werden können. Als Beispiel hierfür wird in der Klassischen Allgemeinen Relativitätstheorie ein Schwarzes Loch genannt, ein Bereich, in dem das Gravitationsfeld so stark ist, daß jedes Licht und jedes andere Signal hineingezogen wird und ihn nicht wieder verlassen kann. Das starke Gravitationsfeld in der Nähe des Schwarzen Lochs verursacht die Entstehung von Paaren aus Teilchen und Antiteilchen, von denen das eine in das Schwarze Loch fällt, während das andere ins Unendliche entweicht. Das entweichende Teilchen scheint vom Schwarzen Loch »ausgestrahlt« worden zu sein. Ein Beobachter, der das Schwarze Loch aus der Ferne beobachten würde, könnte nur die austretenden Teilchen beobachten, und er könnte sie nicht mit denjenigen in Zusammenhang bringen, die in das Schwarze Loch gefallen sind – weil er letztere nicht beobachten kann. Dies bedeutet, daß die Zufälligkeit und Unvoraussagbarkeit der entweichenden Teilchen diejenige des Unschärfeprinzips übersteigt. Für normale Situationen bedeutet das Unschärfeprinzip, daß man *entweder* den Ort *oder* den Impuls eines Teilchens *oder* eine Kombination dieser Größen eindeutig voraussagen kann. Die Fähigkeit, definitive Voraussagen zu machen, wird sozusagen halbiert. Da man nicht beobachten kann, was innerhalb des Schwarzen Lochs vor sich geht, kann man über die daraus ent-

Schwarze Löcher sind nicht schwarz. Teilchenpaare in der Nähe eines schwarzen Loches

Das Ende der Bestimmtheit: was bleibt sind statistische Aussagen

weichenden Teilchen definitiv *weder* Ort *noch* Impuls voraussagen. Man kann lediglich Wahrscheinlichkeiten angeben, daß Teilchen auf bestimmte Weise entweichen werden.

Deshalb werden wir, selbst wenn es uns gelingen sollte, eine Vereinheitlichte Theorie zu finden, vermutlich nur statistische Voraussagen treffen können. Möglicherweise müßten wir sogar die Sichtweise aufgeben, daß das Universum eindeutig ist. Statt dessen müßten wir vielleicht ein Bild zugrunde legen, in dem es eine Wahrscheinlichkeitsverteilung möglicher Universen gibt. Das könnte erklären, warum beim Beginn des Universums mit dem Urknall ein fast perfektes thermisches Gleichgewicht bestanden hat: Das thermische Gleichgewicht entspricht der größten Zahl mikroskopischer Konfigurationen und damit der größten Wahrscheinlichkeit. Um den bekannten Ausspruch von Voltaires Philosophen, Pangloss, abzuwandeln: »Wir leben in der wahrscheinlichsten aller möglichen Welten.«

Welche Aussichten bestehen, daß wir in nicht allzu ferner Zukunft eine vollständige Vereinheitlichte Theorie finden werden? Jedesmal, wenn wir unsere Beobachtungen auf kleinere Objekte und höhere Energien gerichtet haben, haben wir neue Strukturschichten entdeckt. Zu Anfang des Jahrhunderts zeigte die Entdeckung der Brownschen Molekularbewegung mit einem typischen Energieteilchen von $3 \cdot 10^{-2}$ eV, daß Materie nicht kontinuierlich ist, sondern aus Atomen besteht. Kurz danach wurde entdeckt, daß diese für

Endlose Strukturen im Kleinsten. Gibt es eine untere Grenze »kleinster« Strukturen?

unteilbar gehaltenen Atome aus Elektronen bestehen, die sich mit Energien von einigen eV um einen Kern bewegten. Weiterhin entdeckte man, daß der Kern wiederum aus sogenannten Elementarteilchen besteht, Protonen und Neutronen, die durch Kernverbindungen der Größenordnung von 10^9 eV zusammengehalten werden. Neuerdings haben wir entdeckt, daß Proton und Neutron aus Quarks bestehen, die durch Bindungen der Größenordnung von 10^6 eV zusammengehalten werden. Es muß als Tribut an die ungeheuren Fortschritte der theoretischen Physik angesehen werden, daß es heute riesige Maschinen und riesige Geldsummen erfordert, ein Experiment durchzuführen, dessen Ausgang niemand voraussagen kann.

Riesige Energien halten die kleinsten Teilchen zusammen

Unsere bisherige Erfahrung

mag nahelegen, daß es eine unendliche Folge von Strukturschichten mit immer höheren Energien gibt. Tatsächlich war die Anschauung einer Folge von immer kleiner werdenden Schachteln, die ineinanderstecken, in China zur Zeit der »Viererbande« offizielles Dogma. Es scheint jedoch so, als würde die Gravitation eine Grenze liefern, allerdings nur im sehr kurzen Längenbereich von 10^{-33} cm oder bei der sehr hohen Energie von 10^{28} eV. Bei kürzeren Längen erwartet man, daß die Raumzeit wegen der Quantenfluktuationen des Gravitationsfeldes aufhört, sich wie ein Kontinuum zu verhalten, und daß sie eine schaumartige Struktur annimmt.

Die Grenzen der Gravitation – die Raumzeitstruktur wird schaumartig

Es gibt einen sehr großen unerforschten Bereich zwischen der Grenze derzeitiger Experimente von 10^{10} eV und der oben-genannten Grenze von 10^{28} eV. Es mag naiv erscheinen, anzu-nehmen – so wie die Großen Vereinheitlichten Theorien es tun –, daß es in diesem ungeheu-er großen Intervall nur eine oder zwei Strukturschichten geben soll. Es besteht jedoch Grund zum Optimismus: Im Augenblick deutet alles darauf hin, daß die Gravitation nur in einer Super-gravitationstheorie mit den übri-gen physikalischen Wechselwir-kungen vereinigt werden kann. Es scheint nur eine endliche Zahl derartiger Theorien mög-lich zu sein. Die größte derartige Theorie ist die sogenannte N=8-Theorie der Supergravitation. Diese enthält ein Graviton, acht Spin-3/2-Teilchen, die Gravitinos genannt werden, 28 Spin-1-Teil-chen, 56 Spin-1/2-Teilchen und 70 Spin-0-Teilchen. Diese Zahl

Ein erster An-satz zur Verein-heitlichung: die N=8-Theorie der Supergravi-tation scheint zwar auf den ersten Blick groß, doch ist sie nicht groß genug, um alle Teilchen aufzubauen, die wir bei starken und schwachen Wechselwirkungen beobachten. Beispielsweise reichen die 28 Spin-1-Teilchen der N=8-Theorie, um die Gluonen, aber nur zwei der vier Teilchen der schwachen Wechselwirkung aufzubauen. Deshalb könnte man annehmen, daß viele oder die meisten der beobachteten Teilchen wie Gluonen oder Quarks in Wahrheit nicht elementar sind, wie es im Augenblick erscheint, sondern daß es sich dabei um gebundene Zustände fundamentaler N=8-Teilchen handelt. Es ist sehr unwahrscheinlich, daß wir in absehbarer Zukunft über Teilchenbeschleuniger verfügen werden, mit denen diese komplexen Strukturen untersucht werden können. Da

Eine neue Teilchensorte? Quarks und Gluonen als gebundene Zustände fundamentaler N = 8-Teilchen

Eine experimentelle Bestätigung der N = 8-Theorie steht noch aus

diese gebundenen Zustände jedoch aus der wohldefinierten N=8-Theorie hervorgegangen sind, müßte es möglich sein, eine Reihe von Voraussagen zu treffen, die mit derzeit oder bald verfügbaren Energien untersucht werden können. Die Situation ähnelt derjenigen der Salem-Weinberg-Theorie, die den Elektromagnetismus mit der schwachen Wechselwirkung vereinigt. Die Voraussagen dieser Theorie im Bereich niedriger Energien befinden sich in so guter Übereinstimmung mit den Messungen, daß die Theorie heute allgemein akzeptiert wird, obgleich der Energiebereich, bei dem es zur Vereinigung kommen sollte, noch nicht erreicht ist.

Eine Theorie, die das Universum beschreiben will, muß etwas sehr Spezifisches haben. Warum erwacht diese spezielle Theorie zum Leben, während andere nur im Geist ihrer Erfinder existieren? Die N=8-Theorie der Supergravitation hat einige Eigenschaften, die sie zu etwas Besonderem machen. Dies scheint die einzige Theorie zu sein, die

Was macht die N = 8-Theorie der Supergravitation so reizvoll?

1. vier Dimensionen umfaßt,
2. die Gravitation einschließt und
3. endlich ist.

Ich habe bereits vorher darauf hingewiesen, daß die dritte Eigenschaft notwendig ist, wenn wir eine vollständige Theorie ohne Parameter haben wollen. Es ist allerdings schwierig, die unter 1. und 2. genannten Eigenschaften zu begründen, ohne auf das anthropische Prinzip zurückzugreifen. Es scheint eine konsistente Theorie zu geben, die den Eigenschaften 1 und 3 gerecht wird, die jedoch die Gravitation ausklammert. In einem solchen Universum würde es allerdings wahrscheinlich nicht genügend Anziehungskräfte geben, um Materie zu den großen Mengen zusammenzuballen, die erforderlich sind, damit sich komplizierte Strukturen entwickeln können. Warum die Raumzeit vierdimensional sein muß, ist eine Frage, die normalerweise als außerhalb des Bereichs der Physik liegend gilt. Doch auch dafür gibt es gemäß dem anthropischen Prinzip ein gutes Argument. Drei Raumzeit-Dimensionen – also zwei Raum- und eine Zeitdimension – reichen eindeutig nicht aus für komplizierte Organismen. Gäbe es andererseits mehr als drei Raumdimensionen, so wären die Kreisbahnen der Planeten um die Sonne oder der Elektronen um einen Atomkern instabil, und Planeten und

Warum ist die Raumzeit vierdimensional?

Elektronen würden sich spiralförmig nach innen bewegen.
Bleibt noch die Möglichkeit, daß
es mehr als eine Zeitdimension
gibt. Allerdings kann ich persön-
lich mir ein solches Universum
nur schwer vorstellen.

Bisher habe ich implizit angenommen, daß es eine abschließende Theorie gibt. Aber ist das
wirklich so? Es gibt mindestens
drei Möglichkeiten:

Gibt es über-
haupt eine
»vollständige,
zusammen-
hängende ver-
einheitlichte
Theorie«?

1. Es *gibt* eine vollständige Vereinheitlichte Theorie.
2. Es gibt *keine* abschließende
   Theorie, *aber* es gibt eine unendliche Folge von Theorien,
   die so beschaffen sind, daß
   sich jede spezielle Klasse von
   Beobachtungen voraussagen
   läßt, indem man eine dieser
   Theorien heranzieht.
3. Es *gibt keine* abschließende
   Theorie. Beobachtungen las-

sen sich über einen gewissen Punkt hinaus nicht voraussagen.

Die dritte Möglichkeit hat man als Argument gegen die Wissenschaftler des siebzehnten und achtzehnten Jahrhunderts vorgebracht. »Wie können sie Gesetze formulieren, die die Freiheit Gottes beschneiden würden, es sich irgendwann einmal anders zu überlegen?« Trotzdem haben diese Pioniere solche Gesetze formuliert, und diese haben sich bestätigt. In unserer Zeit haben wir die dritte Möglichkeit auf effektive Weise eliminiert, indem wir sie in unser Konzept einbezogen haben: Die Quantenmechanik ist im wesentlichen eine Theorie darüber, was wir nicht wissen und was wir nicht voraussagen können.

Möglichkeit 2 würde das Bild

Eine Theorie über unser Nichtwissen: die Quantenmechanik

einer unendlichen Folge von Strukturen mit immer höheren Energien ergeben. Wie ich bereits sagte, erscheint mir dies als unwahrscheinlich, weil zu erwarten ist, daß sich bei der Planck-Energie von 10^{28} eV eine Grenze befindet. Bleibt also noch die erste Möglichkeit. Im Augenblick ist die N=8-Theorie der Supergravitation der einzige Kandidat. Wahrscheinlich wird man in den nächsten Jahren eine Reihe von Berechnungen anstellen, die möglicherweise zeigen werden, daß die Theorie unzulänglich ist. Falls sie diese Überprüfungen überstehen sollte, wird es wahrscheinlich ein paar Jahre dauern, bis wir Berechnungsmethoden entwickelt haben, die es uns ermöglichen, Voraussagen zu treffen, und bis wir sowohl etwas über den Anfangszustand des Universums als auch über die

Eine absolute Grenze bei 10^{28} eV: die Plancksche Mauer

Das Ende der theoretischen Physik oder das Ende der theoretischen Physiker?

Diese Inaugural-vorlesung hielt Stephen W. Hawking am 29. April 1980 in der Universität Cambridge.

lokalen physikalischen Gesetze aussagen können. Dies werden im Laufe der nächsten zwanzig Jahre die großen Probleme der theoretischen Physiker sein. Um jedoch mit ein wenig Schwarzseherei zu schließen: Es könnte sein, daß ihnen nicht viel mehr Zeit bleiben wird. Heute sind Computer nützliche Helfer bei der Forschung, doch sie werden vom menschlichen Geist gesteuert. Wenn man jedoch die derzeitige Entwicklungsgeschwindigkeit in diesem Bereich extrapoliert, so ist es ziemlich wahrscheinlich, daß sie irgendwann den gesamten Bereich der theoretischen Physik übernehmen werden.

Deshalb könnte man vielleicht sagen, daß eher das Ende der theoretischen Physiker nahe ist, nicht aber das der theoretischen Physik.

Anfang vom Ende oder nur Etappe der theoretischen Physik? – Ein kurzer Blick zurück

Einige Randbemerkungen
zu Stephen Hawkings provokanter These
von Guido Kurth

Zu Beginn unseres Jahrhunderts schien die Welt der Physik noch in Ordnung. Die Optimisten unter den Physikern glaubten, daß die glänzenden Erfolge, die die Physik des 19. Jahrhunderts errungen hatte, den Grundstein dazu legen könnten, die noch verbleibenden »kleineren« Probleme zu lösen. Diese wollte man in absehbarer Zeit auf der Basis der bestehenden Grundlagen durch weitere Fortschritte in den experimentellen und theoretischen Methoden lösen.

So schrieb zum Beispiel William Thompson (1824–1907), der wegen seiner herausragenden Leistungen auf dem Gebiet der Physik sogar zum Lord Kelvin geadelt wurde, er sei »niemals zufrieden, bevor er nicht ein mechanisches Modell [...] konstruiert habe«. Erst dann könne er sich die Problematik physikalisch erschließen und verstehen. Diese Sichtweise wird verständlich, wenn man die großen Erfolge betrachtet, die das 19. Jahrhundert unter konsequenter Anwendung der klassischen Glaubenssätze der Physik verbuchte, die Isaac Newton (1642–1727) erstmals in seiner *Philosophiae Naturalis Principia Mathemati-ca* (dt.: Mathematische Prinzipien der Naturlehre) von 1687 formuliert hat und denen Leonard Euler (1707–1783) 1752 ihre noch heute gültige mathematische Form gab.

In der *Himmelsmechanik,* die durch die konsequente Anwendung der *Newtonschen Mechanik* und des *Newtonschen Gravitationsgesetzes* die Wissenschaftler in die Lage versetzte, eindeutige Aussagen über die Bahnbewegungen der Planeten zu machen, feierte das mechanistische Denken Triumphe. So gelang es zum Beispiel dem französischen Astronomen Urbain Leverrier (1811–1877) aus den Bahnstörungen des Planeten Uranus auf rechnerischem Wege die Existenz und die Umlaufbahn eines weiteren Planeten, des Neptun, vorherzusagen. Tatsächlich wurde der Neptun dann auch im Jahre 1846 von Johann Gottfried Galle (1812–1910) sehr nahe an der von Leverrier vorhergesagten Position entdeckt.

Die sogenannte *Kontinuumsmechanik* konnte große Erfolge bei der Vorhersage von Flüssigkeitsbewegungen verzeichnen. Die diesen Flüssigkeitsbewegungen zugrundeliegenden Gesetzmäßigkeiten wurden 1755 erstmals von Leonard Euler in mathematischer Form dargestellt. Sie beinhalten zwei der für die Physik außerordentlich wichtigen *Erhaltungssätze* in der noch heute üblichen Formulierung: die Erhaltung der Masse und der Bewegungsgröße »Impuls«. Zusammen mit der von Gottfried Wilhelm Leibniz

(1646–1716) und Daniel Bernoulli (1700–1782) ent-
deckten Erhaltung einer »lebendigen Kraft« bildeten
sie bis zur Formulierung des Energieerhaltungssatzes
im Jahre 1842 die Grundlage der Kontinuumsmechanik.

Mit dem Aufkommen der Dampfmaschinen und
den sich daraus ergebenden Überlegungen zur Ver-
besserung des Wirkungsgrades bei der Umwandlung
von Wärme in Arbeit entwickelte sich zu Beginn des
19. Jahrhunderts eine neue Wissenschaft, die *Thermodynamik.* Sie basiert im Gegensatz zu den streng auf
mathematischen Axiomen beruhenden Systemen der
Mechanik auf Erfahrungstatsachen. Diese Erfahrungstatsachen spiegeln sich wider in der grundlegenden
Arbeit von Sadi Nicolas Leonard Carnot (1796–1832),
der als erster Mensch erkannte, daß eine obere Grenze der Umwandelbarkeit von Wärme in mechanische
Arbeit existierte, und diese auch berechnen konnte.
Diese obere Grenze ist mit dem maximalen Wir-
kungsgrad einer Dampfmaschine identisch.

Im Rahmen weiterer Überlegungen wurde der Satz
von der Erhaltung der lebendigen Kraft um 1842 unter Einbeziehung der Energieform Wärme zu einem
generellen *Energieerhaltungssatz* umformuliert. Als
dessen Väter gelten Julius Robert Mayer (1814–1878),
James Prescott Joule (1818–1889) und Hermann von
Helmholtz (1821–1894). Dieser Satz, der als der *Erste
Hauptsatz der Thermodynamik* bekannt ist, besagt,
daß Energie in einem System, das keinen Kontakt zu

seiner Umgebung besitzt (abgeschlossenes System), weder erzeugt noch vernichtet werden kann.

Eine weitere fundamentale Erfahrungstatsache wurde 1865 von Rudolf Clausius (1822–1888) im *Zweiten Hauptsatz der Thermodynamik* verankert. Ausgehend von der Erfahrung, daß Wärme stets nur von einem wärmeren auf einen kälteren Körper übergeht, bewies Clausius, daß es unmöglich ist, eine Vorrichtung zu konstruieren, die bei Erfüllung des Ersten Hauptsatzes Wärme vollständig in mechanische Arbeit umwandelt. Sehr plakativ ausgedrückt, besagt das, daß jede Veränderung ihren Preis hat. Eine weitere unmittelbare Folge aus diesen Betrachtungen hat zu tun mit dem häufig gebrauchten und vielfach mißverstandenen Begriff der Entropie (gr.: trope, »Wendung«, »Umkehr«); diese kann als Maß für die nicht in mechanische Arbeit umwandelbare Form der Wärme aufgefaßt werden. In einem abgeschlossenen System kann die *Entropie* nur gleichbleiben oder zunehmen, niemals aber ihren Wert verringern.

Aber selbst diese auf den ersten Blick mit der Mechanik unvereinbare reine Erfahrungswissenschaft der Thermodynamik konnte durch die bahnbrechenden Arbeiten von Rudolf Clausius, James Clerk Maxwell (1831–1879) und Ludwig Boltzmann (1844–1906) ebenfalls den Gesetzen der Mechanik entsprechend gedeutet werden. So stellte man sich zum Beispiel ein Gas aus identischen Teilchen, den sogenannten Molekeln, zusammengesetzt vor, die sich wahllos in einem bestimmten Volumen hin und her bewegten. Maxwell und Clausius gelang der Nachweis, daß die Temperatur eines solchen Gases proportional zum Quadrat der mittleren Geschwindigkeit dieser Molekeln ist und somit mechanistisch zu erklären war. Damit legten sie den Grundstein zur *kinetischen Theorie der Gase*. Boltzmann konnte den Zweiten Hauptsatz der Thermodynamik mit Hilfe statistischer Methoden ebenfalls auf den gesicherten Boden der Mechanik zurückholen. Dadurch ließ sich die nur in eine Richtung fortschreitende Zeit ebenfalls mechanistisch erklären.

Große Teile der Physik schienen demzufolge durch mechanische Gesetzmäßigkeiten erklärbar zu sein und verständlich zu werden, und niemand schien auch nur ernsthaft anzuzweifeln, daß die Newtonsche Theorie wesentliche Eigenschaften der Materie korrekt wiedergab.

Auch die *elektromagnetischen Phänomene,* zu denen der elektrische Strom oder der Magnetismus zählen und die im 17. und 18. Jahrhundert nur sehr unzureichend verstanden worden waren und sich eher in empirischen Beziehungen als in einer ausgereiften Theorie beschreiben ließen, erfuhren ihre endgültige Deutung erst im 19. Jahrhundert. Dies gelang James Clerk Maxwell, der den Begriff des *Feldes* in der Physik fest verankerte. Er »entdeckte« die Grundgesetze des *elektromagnetischen Feldes* durch einen Analogieschluß, indem er sich von der Ähnlichkeit zwischen der Strömung einer reibungsfreien Flüssigkeit und dem Fließen eines elektrischen Stromes leiten ließ. Die in den Jahren 1856, 1862 und 1873 erschienen Arbeiten Maxwells erklärten das Phänomen des Elektromagnetismus und lieferten zudem noch die feste Grundlage zur *elektromagnetischen Theorie des Lichts,* da seine Feldgleichungen einen direkten Bezug zur Geschwindigkeit elektromagnetischer Wellen, der *Lichtgeschwindigkeit,* aufweisen. Dadurch stellten sie zusätzlich noch die *Optik* auf eine theoretisch gesicherte Basis.

Im Jahr 1886 gelang es Heinrich Hertz (1857–1894), die Existenz der *elektromagnetischen Wellen,* ihre formale Ähnlichkeit mit den Lichtwellen und somit die generelle Richtigkeit der Maxwellschen Theorie nachzuweisen.

Die Wissenschaftler glaubten also, Ende des 19. Jahrhunderts die großen Probleme der Physik gelöst zu haben; übrig blieben – so schien es – nur noch einige »kleinere« Probleme, deren Lösung ihrer Ansicht nach nur eine kleine Frage der Zeit sein konnte. Sie glaubten, die endgültige Erklärung aller physikalischen Fragen durch eine geeignete Kombination der drei großen physikalischen Theorien – der klassischen Mechanik, der Thermodynamik und des Elektromagnetismus – sowie eine weitere Verfeinerung der mathematischen Methoden finden zu können.

Zu diesen »Problemchen« gehörten das Verständnis der *Wärmestrahlung ideal schwarzer Körper,* die theoretische Ermittlung der *spezifischen Wärme von Körpern* und eine zufriedenstellende physikalische *Theorie des Atomaufbaus* und der *chemischen Bindungen.* Eine geringfügige Bahnstörung des Merkur zum Beispiel, die mit den gängigen klassischen Verfahren nicht erklärt werden konnte, machte den Wissenschaftlern ebenso zu schaffen wie die Frage nach der Endlichkeit bzw. der Unendlichkeit des Universums. Diese war aufs engste mit dem sogenannten *Olbersschen Paradoxon* (Wilhelm Olbers [1758–1840]) und dem von Carl Neumann (1832–1925) und Hugo von Seeliger (1849–1929) formulierten *Gravitationsparadoxon* verknüpft. Das erste warf die Frage auf, warum es in einem den Forderungen der Newtonschen Gesetze entsprechenden unendlichen Universum nachts dunkel werden konnte, das zweite suchte nach einer Erklärung dafür, warum in einem solchen Universum die Gravitation überhaupt spürbar ist. Auch schienen die *Maxwellschen Feldgleichungen* nicht vollständig mit der klassischen Mechanik vereinbar zu sein. Die Probleme waren also doch nicht so klein, wie sie im Licht der glänzenden Erfolge erschienen. Offensichtlich war man einem Erklärungsmodell für die gesamte Physik doch nicht so nahe gewesen, wie die Optimisten unter den Physikern geglaubt hatten.

Doch ein weiterer Schritt zum tieferen Verständnis sollte bald gelingen und zu einer Revolution im bis dahin mechanistisch dominierten Weltbild führen. Diese

ist hauptsächlich mit einem einzigen Namen verknüpft: Albert Einstein (1879–1955).

Die Lösung des ersten Problems, also der Wärmestrahlung, führte zur Entdeckung der *Quanten* durch
Max Planck (1858–1947), die Lösung des zweiten, der
spezifischen Wärme, zur ersten erfolgreichen Anwendung der *Quantentheorie* durch Einstein. Ein erfolg-
reicher Ausbau der bis dahin sehr einfachen Atom-
modelle und Theorien der chemischen Bindungen gelang ebenfalls erst durch die konsequente Weiterent-
wicklung der Quantentheorie zur *Quantenmechanik*.
Die Bahnabweichung des Merkur ließ sich erst erklären durch die *Allgemeine Relativitätstheorie,* deren
Gravitationsgleichung von David Hilbert (1862–1943)
und Einstein unabhängig voneinander hergeleitet und
1915 mit fünf Tagen Differenz veröffentlicht wurde.
Die Grundlagen der Synthese von Mechanik und der
Maxwellschen Elektrodynamik gelangen Hendrik
Antoon Lorentz (1853–1928), Jules Henri Poincaré
(1854–1912) und Albert Einstein in der *Speziellen Relativitätstheorie.*

Die revolutionären Ereignisse lassen sich in zwei
Hauptkategorien einteilen: die die Physik des Großen
umwälzenden Relativitätstheorien, die gemeinhin als
die Vollendung der klassischen Physik angesehen
werden, und die eine vollständig neue Physik des
Kleinen schaffende Quantentheorie, die eine totale
Revision der physikalischen Begriffswelt nach sich
zog. Wie kam es nun zu diesen Revolutionen?

Schon gegen Ende des 19. Jahrhunderts gab es Indizien dafür, daß die in der Newtonschen Mechanik implizit vorhandenen Vorstellungen eines absoluten Raumes und einer absoluten Zeit und damit auch einer absoluten Geschwindigkeit in dieser Form nicht haltbar waren. So wurde in den Versuchen von Albert Abraham Michelson (1852–1931) im Jahre 1881 und Edward Williams Morley (1838–1923) im Jahre 1887 festgestellt, daß die Lichtgeschwindigkeit immer konstant bleibt, egal, ob man sich auf eine Lichtquelle zubewegt oder sich von ihr entfernt – ein für die Physiker des 19. Jahrhunderts vollkommen unerwartetes Ergebnis, das allen Erfahrungen und vor allen Dingen der so erfolgreichen Newtonschen Mechanik hohnzusprechen schien.

Der Holländer H. A. Lorentz war einer der ersten, der sich diese Erkenntnis zunutze machte. Er ging von der Voraussetzung aus, daß die Maxwellschen Gleichungen in allen Bezugssystemen, die sich geradlinig und gleichförmig bewegen, die gleiche Form haben müssen. Da sich nun die Lichtgeschwindigkeit als vom Bezugssystem unabhängige, konstante Größe herausgestellt hatte, mußte eine Beziehung gefunden werden, die zwei gleichförmig gegeneinander bewegte Bezugssysteme unter der Bedingung der Konstanz der Lichtgeschwindigkeit miteinander verknüpft. Lorentz' Bemühungen führten auf einen Satz von Gleichungen, die *Lorentz-Transformationen,* die sich in allen Gleichungen der Speziellen Relativitätstheorie

wiederfinden. Durch sie läßt sich zum Beispiel die so
verwunderlich erscheinende Verkürzung eines Stabes,
der sich mit sehr großer Geschwindigkeit bewegt,
ebenso bestimmen wie die Dehnung der Zeit in bewegten Bezugssystemen. Die Zeit vergeht in einem
bewegten Bezugssystem langsamer als in einem ru-
henden, ist also von der lokalen Geschwindigkeit des
Bezugssystems abhängig.

Der Franzose H. Poincaré entdeckte die der Lorentz-Transformation innewohnenden mathematischen Eigenschaften und brachte 1905 den mathematischen Formalismus der Relativitätstheorie zum Abschluß. In seiner Behandlung der Relativitätstheorie
nahm Poincaré schon viele der Ergebnisse vorweg, die
nach 1908 den Siegeszug der Speziellen Relativitätstheorie begründen sollten, wie zum Beispiel ihren
vierdimensionalen Raum-Zeit-Charakter.

Im Gegensatz zu Einstein, der die Spezielle Relativitätstheorie ebenfalls in den Jahren 1903 bis 1905,
unabhängig von Lorentz und Poincaré, entwickelte,
hielt Lorentz am Konzept eines absoluten Raumes
und einer absoluten Zeit fest und betrachtete die lokale Eigenschaft der Zeit lediglich als Rechengröße
ohne tiefere Bedeutung. Einstein hingegen brach in
seiner Abhandlung *Zur Elektrodynamik bewegter
Körper* bewußt mit diesen Begriffen und verneinte die
Existenz eines ausgezeichneten Bezugssystems, das
die Formulierung einer absoluten Geschwindigkeit
erlaubt. Vielmehr ließ er als einzigen Grundsatz die

Unabhängigkeit der Lichtgeschwindigkeit von der Geschwindigkeit des Bezugssystems gelten. Dies führte sofort zu der einschneidenden Konsequenz, daß es keine absolute Gleichzeitigkeit gibt für ein Ereignis, das von zwei verschiedenen Bezugssystemen aus beobachtet wird. Zwar lassen sich zu einem gewissen Punkt im Raum zwei Uhren, die unterschiedlichen Bezugsystemen angehören, so einstellen, daß sie die gleiche Zeit anzeigen, in jedem anderen Punkt des Raumes zeigen sie jedoch wegen der geschwindigkeitsabhängigen Struktur der Zeit unterschiedliche Zeiten an. Zwei Beobachter in gegeneinander bewegten Bezugssystemen können sich demzufolge nur einmal über den genauen Zeitpunkt eines bestimmten Ereignisses einigen, zu jedem anderen Zeitpunkt sind die von den Beobachtern gemessenen Zeiten nicht identisch. Dies steht im krassen Gegensatz zu der bisher gültigen Auffassung in der Physik, nach der ein Ereignis für jeden Beobachter zum gleichen Zeitpunkt stattfindet.

Eine weitere wichtige Konsequenz aus der Speziellen Relativitätstheorie ist die Äquivalenz von Masse und Energie, die Einstein 1905 in seiner Arbeit *Ist die Trägheit eines Körpers von seinem Energieinhalt abhängig?* für den Spezialfall eines strahlenden Körpers formulierte. Verallgemeinert wurde diese Beziehung zwischen Masse und Energie aber erst von Max Planck, der in seinen Arbeiten von 1906 und 1907 erstmals explizit die Bewegungsgleichungen der rela-

tivistischen Mechanik und die wohl berühmteste Formel der neuzeitlichen Physik, die die Energie eines
bewegten Körpers mit dessen Masse in Beziehung
setzt, $E = mc^2$, niederschrieb.

Einstein ersetzt in seiner Speziellen Relativitätstheorie das mechanistische Weltbild durch ein flexibleres elektrodynamisch-feldtheoretisches, bricht
konsequent mit der vorherrschenden Anschauung
und verläßt sich ausschließlich auf das mathematische
Denken, das allein die logische Widerspruchsfreiheit
als Kriterium der »Wahrheit« gelten läßt.

Nachdem die Spezielle Relativitätstheorie im Jahre
1908 durch Hermann Minkowski (1864–1909) als eine
vierdimensionale geometrische Theorie des Raumes
und der Zeit uminterpretiert worden war, begann ihr
unaufhaltsamer Triumphzug, und Einsteins Name
wurde unlösbar mit ihr verknüpft.

Obwohl die Spezielle Relativitätstheorie zu einer
Revision der Mechanik führte, die dem Charakter der
Lichtgeschwindigkeit als *Grenzgeschwindigkeit* Rechnung trug und im Grenzfall sehr kleiner Geschwindigkeiten in die Newtonschen Mechanik überging, ließen
sich die Phänomene der Gravitation, wie sie in den
Newtonschen Gravitationsgesetzen postuliert worden
waren, nicht durch sie erklären. Dies gelang erst in
den darauffolgenden Jahren nach der Einführung des
sogenannten *Äquivalenzprinzips* durch Einstein im
Jahre 1912, das als die zentrale Aussage der Allgemeinen Relativitätstheorie gilt.

Das Äquivalenzprinzip besagt, daß sich ein Beschleunigungsfeld, das als Folge eines bewegten Bezugssystems auftritt, und ein lokales Gravitationsfeld gleicher Stärke durch den Ablauf physikalischer Vorgänge nicht unterscheiden lassen. Dies bedeutet, daß ein Wissenschaftler, der sich in einem Labor befindet, das keine Kommunikation mit der Außenwelt zuläßt, durch kein denkbares physikalisches Experiment feststellen kann, ob er sich in einer Rakete befindet, die im »schwerelosen Raum« beschleunigt wird, oder aber ob er auf der Oberfläche eines Planeten der »Anziehungskraft« ausgesetzt ist.

Äquivalenzprinzip und Lorentz-Transformation führen nun zu der dramatischen Konsequenz, daß ein Beschleunigungsfeld und damit auch ein Gravitationsfeld sowohl die Struktur der Zeit als auch die des Raumes beeinflussen. Der Raum wird in der Nähe eines Gravitationsfeldes »verformt«.

Die mathematisch korrekte Formulierung dieses Sachverhaltes gelang im Jahr 1915 sowohl dem Mathematiker David Hilbert, der seine Feldgleichungen der Gravitation am 20. November unter dem Titel *Die Grundlagen der Physik* der Königlichen Akademie zu Göttingen vorlegte, als auch Albert Einstein, der seine Arbeit, *Die Feldgleichungen der Gravitation,* fünf Tage später der Preußischen Akademie vortrug.

Ihren Durchbruch erzielte die Allgemeine Relativitätstheorie, als es Einstein unter Zuhilfenahme der Gravitationsgleichungen noch 1915 gelang, die Bahnabweichung des Merkur zu erklären. Dabei machte er Gebrauch von der Lösung der Feldgleichungen, die Karl Schwarzschild (1888–1925) für den Fall einer in einem Punkt konzentrierten Masse gefunden hatte.

Aus der Schwarzschildschen Lösung ergeben sich noch weitere Konsequenzen. So läßt sich zeigen, daß das Gravitationsfeld einer solchen Punktmasse auf einen Lichtstrahl wirkt wie eine Linse, die das Licht um einen bestimmten Winkel ablenkt. Passiert ein Lichtstrahl diese Punktmasse in hinreichend großem Abstand, so wird er gekrümmt, läuft ansonsten aber ungestört weiter. Die Ablenkung eines Lichtstrahls, der am Rand unserer Sonne gerade noch vorbeiläuft, beträgt etwa 1,75 Winkelsekunden. Sie läßt sich als schwache Verschiebung sonnennah erscheinender Sterne bei einer Sonnenfinsternis beobachten. Kommt das Licht jedoch zu nahe an die in einem Punkt konzentrierte Masse heran, so »fällt« es auf das Zentrum des Gravitationsfeldes zu, ohne es jemals wieder verlassen zu können. Der minimale Abstand, den ein Lichtstrahl einhalten muß, um gerade nicht auf das Gravitationszentrum zuzustürzen, wird *Schwarzschild-Radius* genannt. Für unsere Sonne beträgt er etwa drei Kilometer; er liegt also in ihrem Innern.

Das Gebiet innerhalb eines solchen Schwarzschild-Radius entspricht einem *Schwarzen Loch,* in das Licht oder Teilchen zwar eindringen können, aus dem aber nichts, also weder Materie noch Strahlung, mehr entweichen kann. Diese Meinung wurde bis 1975 von der gesamten wissenschaftlichen Gemeinde vertreten. Doch dann konnte Stephen Hawking nachweisen, daß, werden Quantenphänomene in der Nähe eines Schwarzen Loches mit in die Betrachtungen einbezogen, eine »endliche Wahrscheinlichkeit« dafür besteht, daß bestimmte Elementarteilchen oder Strahlung aus dem Gebiet innerhalb des Schwarzschild-Radius entweichen können.

Die Einsteinschen Feldgleichungen lassen sich aber nicht nur auf »Einzelphänomene« wie Punktmassen anwenden, sondern auch auf das Universum als Ganzes, da sie in ihrer allgemeinen Formulierung einen Zusammenhang zwischen der Materieverteilung und der Geometrie des Raumes herstellen. Nimmt man zum Beispiel eine homogene (gleichmäßige) und isotrope (richtungsunabhängige) Materieverteilung an, so kann daraus in Abhängigkeit von der mittleren Materiedichte sowohl ein sich ins Unendliche ausdehnendes (inflationäres) als auch ein geschlossenes, für alle Zeiten pulsierendes (oszillatorisches) Universum abgeleitet werden. Die beiden möglichen Lösungen der Feldgleichungen gehen auf den russischen Mathematiker Alexander Fridmann (1888–1925) zurück, der sie 1922 veröffentlichte. Sie bilden die Grundlage der modernen Kosmologie. Aber gleichgültig für welche Lösung der Feldgleichungen man sich auch entscheidet, beide beinhalten sogenannte Singularitäten (Unendlichkeitsstellen) als Lösungen. Für das *inflationäre*

Weltmodell existiert nur eine einzige Singularität, der sogenannte *Urknall (Big Bang),* das *oszillatorische Weltmodell* beschreibt ein Universum, das für alle Zeiten zwischen zwei Singularitäten hin und her pendelt, zwischen Urknall und *Großem Endkollaps (Big Crunch).*

Das Verhalten der Materie und damit auch die Struktur der Welt, wie sie uns erscheint, sind direkte Folgen dieser Anfangssingularität. Ihre Struktur zu erforschen, ist ein Hauptbestreben der Physik der letzten dreißig Jahre. Aufgrund der recht exotischen Zustände, die während der Entstehungsphase des Universum geherrscht haben müssen, scheint dies aber nur zu gelingen, wenn die Physik des Allergrößten und die Physik des Allerkleinsten auf eine vereinheitlichte Basis gestellt werden können, wenn also die Allgemeine Relativitätstheorie und die aus der Quantentheorie hervorgegangene Elementarteilchenphysik vereinigt werden können.

Und genau diese Quantentheorie ist die vielleicht wichtigste und einschneidendste Revolution im physikalischen Weltbild dieses Jahrhunderts. Wie kam es nun zu diesem Umsturz im Ideengebäude der Physik?

Ein weiteres der noch ungelösten Probleme in der Physik zu Beginn dieses Jahrhunderts war die Beschreibung der Strahlung eines schwarzen Körpers.

Ein Körper, der entweder alle auf ihn treffende Strahlung vollständig absorbiert oder eine seiner Temperatur entsprechende Strahlung ideal abstrahlt, wird *schwarzer Körper* genannt. Die Erfahrung zeigt ja bekanntlich, daß ein Festkörper bei sehr hohen Temperaturen sichtbares Licht, also eine Strahlung sehr hoher Frequenz, aussendet, während er bei niedrigeren Temperaturen die optisch nicht wahrnehmbare Wärmestrahlung, die eine niedrige Frequenz besitzt, aussendet. Zu Beginn unseres Jahrhunderts existierten zwei unterschiedliche Erklärungsansätze zur physikalischen Beschreibung eines solche Strahlung aussendenden Festkörpers: das von Wilhelm Wien (1864–1928) und Max Planck formulierte Wien-Planck-Gesetz, das die Strahlung eines schwarzen Körpers bei sehr hohen Frequenzen korrekt beschrieb, und das nach John William Strutt (Lord Rayleigh) (1842–1919) und James Hopwood Jeans (1877–1946) benannte Rayleigh-Jeans-Gesetz, das nur den unteren und mittleren Frequenzbereich der Schwarzkörperstrahlung korrekt beschrieb. Beide Gesetze, obwohl auf der klassischen physikalischen Betrachtungsweise fußend, versagten also in bestimmten Frequenzbereichen. Das Wien-Planck-Gesetz führte bei niedrigen Frequenzen zur sogenannten Infrarot-Katastrophe, das Rayleigh-Jeans-Gesetz, obwohl theoretisch besser begründet als das Wien-Planck-Gesetz, führte bei hohen Frequenzen zur Ultraviolett-Katastrophe.

Die Verbindung beider Gesetze in einer einheitlichen Formulierung gelang Max Planck im Oktober 1900, wobei er zwar durch Interpolation zwischen den

beiden bestehenden Gesetzen ein für alle Frequenz-
bereiche gültiges Gesetz formulieren konnte, jedoch
keine befriedigende theoretische Herleitung für dieses Gesetz liefern konnte. Im weiteren Verlauf dieses
Jahres gelang es Planck, unter Zuhilfenahme der
Boltzmannschen Definition der Entropie eine theoretische Begründung für seine Strahlungsformel zu finden – eine Erklärung, die die Physik und das Verständnis der Physiker von der Welt, stärker noch als
die Relativitätstheorie, vollständig verändern sollte.

Planck gelang die Herleitung seines Strahlungsgesetzes nämlich nur unter der Voraussetzung, daß die
Gesamtenergie eines Körpers ausschließlich auf eine
endliche Anzahl von Teilenergien endlicher Größe
aufgeteilt werden kann. Stellt man sich nun den Körper als aus einzelnen Atomen bestehend vor, die gegeneinander schwingen können, so folgt daraus sofort, daß diese Oszillatoren nur ganzzahlige Vielfache
eines Energieelements endlicher Größe aufnehmen
können. Zum erstenmal in der Geschichte der Physik
tauchte der Begriff eines endlich großen Energieelements (Energiequantum) auf. Dieses Energiequantum wurde zum Grundbegriff der Quantentheorie.

Trotz der guten Übereinstimmung zwischen
Planckschem Strahlungsgesetz und Experimenten zur
Schwarzkörperstrahlung wurde die Plancksche Quantenhypothese von der wissenschaftlichen Gemein-
schaft nicht sofort in ihrer vollen Tragweite erfaßt, ja
von den Großen der damaligen Physik eher noch

ignoriert oder bestenfalls kritisiert. Auch Planck selbst, der diesen revolutionären Schritt getan hatte, »glaubte« nicht so recht an seine Erklärung und versuchte in den folgenden Jahren weiterhin, seine Strahlungsformel klassisch zu begründen.

Einer der ersten, der die Plancksche Quantenhypothese in ihrer vollen Tragweite erkannte und die Bedeutung des Quantenbegriffs über die Plancksche Strahlungsformel hinaus deutete, war Albert Einstein, der in der dritten – und vermutlich revolutionärsten – seiner 1905 veröffentlichten Arbeiten, *Über einen die Erzeugung und Verwandlung des Lichts betreffenden heuristischen Gesichtspunkt,* die These formulierte, das Licht sei »gequantelt«, bestehe also aus Teilchen. Zu diesem Zeitpunkt konnte diese Behauptung nur als blasphemisch aufgefaßt werden. galt doch die Maxwell-Hertzsche Interpretation des Lichts als Wellenphänomen als gesichert. Während andere hochkarätige Wissenschaftler immer noch damit beschäftigt waren, die Folgerungen, die sich aus der Maxwellschen Theorie ergaben, herauszuarbeiten, schlug der damals noch unbekannte Albert Einstein vor, alles durch Lichtteilchen zu ersetzen, was »sich für einige Forscher bei ihren Untersuchungen als nützlich erweisen« könnte (Einstein, 1905). Im Gegensatz zu Planck, der die Quantisierung nur auf die Oszillatoren des Festkörpers angewandt wissen wollte und die Strahlung weiterhin als die von der klassischen Maxwellschen Theorie beschriebenen elektromagnetischen Wellen betrachtete, ging Einstein einfach von der Quantisierbarkeit des gesamten Strahlungsfelds aus. Und gerade diese Hypothese versetzte ihn in die Lage, den *lichtelektrischen Effekt* theoretisch zu erklären.

Der lichtelektrische Effekt ist ein klassisch nicht zu erklärendes Phänomen, das sich darin äußert, daß die Energie eines Elektrons, das durch Lichteinwirkung aus einer Metalloberfläche herausgelöst wird, nicht von der Intensität des einfallenden Lichtstrahls abhängt, sondern von der Farbe (der Frequenz) des Lichtes abhängig ist. Die Intensität des Lichtes ist nur für die Anzahl der aus dem Metall herausgelösten Elektronen verantwortlich. Einstein gelang es in seiner Arbeit von 1905, genau diesen Effekt zu erklären und auch ihn betreffende, weit über die bisher vorliegenden experimentellen Erfahrungen hinausreichende quantitative Aussagen zu machen, die erst zehn Jahre später durch Robert Andrews Millikan (1868–1953) vollständig bestätigt wurden.

In den darauffolgenden Jahren erarbeitete Einstein die Grundlagen der Quantentheorie und der Quantenmechanik, indem er anwendungsrelevante Phänomene wie die spezifischen Wärmen von Festkörpern und Gasen aus der Quantentheorie herleiten und durch sie erklären konnte und noch einige Widersprüchlichkeiten in der Planckschen Herleitung des Strahlungsgesetzes für schwarze Körper aus der Welt schaffen konnte.

Die von Planck ins Leben gerufene und von Einstein ausgebaute Quantentheorie versetzte die Physiker in die Lage, eine konsistente Theorie der Struktur der Atome zu formulieren, die auf den in den Jahren 1909 bis 1911 von Ernest Rutherford (1871–1937) durchgeführten Experimenten zur Atomstruktur basierte und die klassisch nicht zu verstehende Stabilität der Elektronen auf ihren Bahnen um den Atomkern erklären konnte.

Gemäß der klassischen Theorie müßten die Elektronen, die um einen Atomkern kreisen, permanent einen Teil ihrer Energie abstrahlen und somit immer energieärmer werden. Dieser Energieverlust führt zwangsläufig zu einer instabilen Bahn des Elektrons um den Atomkern und damit zu einer geringen »Lebensdauer« eines Elektrons auf seiner Kreisbahn, da es mit stetigem Energieverlust dem Kern immer näher käme.

Einen Weg aus diesem Dilemma fand der dänische Physiker Niels Bohr (1885–1962), der versuchte, das Rutherfordsche Atommodell eines auf stabilen Bahnen von Elektronen umkreisten Kerns mit der Quantenmechanik in Einklang zu bringen, und intuitiv zwei Postulate einführte, deren mathematischer Beweis ihm zwar nicht gelang, die aber dennoch das Verhalten des Elektrons auf seiner Bahn um den Atomkern richtig beschrieben. Diese beiden Postulate lauten, daß erstens Elektronen nur auf bestimmten Bahnen um den Kern laufen können, auf denen sie in vollständigem Widerspruch zur klassischen Theorie keine Energie abstrahlen, und daß zweitens nur dann eine Strahlung abgegeben werden kann, wenn das Elektron von einer Bahn höheren Energieniveaus auf eine Bahn geringeren Energieniveaus springt, wobei die abgestrahlte Energiedifferenz nur ganz bestimmte, diskrete Werte annehmen kann. Diese Theorie wurde 1913 von Niels Bohr erstmals veröffentlicht und in den darauffolgenden Jahren von Bohr und Arnold Sommerfeld (1868–1951) zu einem Abschluß gebracht.

Zu Beginn der zwanziger Jahre dieses Jahrhunderts erwies sich der durch das *Bohr-Sommerfeldsche Atommodell* eingeschlagene Weg aber als nicht weiter gangbar, da bestimmte experimentelle Ergebnisse nicht mit den Aussagen der Theorie in Einklang gebracht werden konnten. Die Theorie mußte durch Korrekturen mit den Experimenten in Übereinstimmung gebracht werden. Diese Korrekturen machten eine vollständig neue Interpretation der Quantenphänomene notwendig, die das physikalische Weltbild nochmals radikal verändern sollten. Gegen Ende der zwanziger Jahre hatte sich das Instrumentarium der theoretischen Physiker grundlegend gewandelt. Die richtungweisenden Arbeiten von Louis Victor Prince de Broglie (1892–1981), Werner Heisenberg (1901–1976), Max Born (1882–1970), Ernst Pascual Jordan (1902–1980), Erwin Schrödinger (1887–1961), Paul Adrien Maurice Dirac (1902–1984) und Wolfgang Pauli (1900–1958) auf dem Gebiet der Quantenmechanik sowie von David Hilbert und John von Neumann (1903–1957) auf dem Gebiet ihrer mathematischen Grundlagen hatten der Physik eine vollkommen neue Welt erschlossen, die nichts mehr mit der Weltsicht der Physik zu Beginn des Jahrhunderts gemein hatte. So liefern sowohl die *Heisenbergsche Matrizenmechanik* als auch die *Schrödingersche Wellenmechanik* eine konsistente und letztendlich identische Beschreibung der Quantenwelt, obwohl sie beide von absolut verschiedenen Materievorstellungen ausgehen.

Die *Heisenbergsche Unschärferelation* machte dem Glauben an eine beliebig genau vermeßbare Welt ein Ende, indem sie eine gleichzeitige genaue Messung des Ortes, an dem sich ein bestimmtes Teilchen befindet, und des Impulses, den es in diesem Ort aufweist, als unmöglich entlarvte – eine Vorstellung, die jeden klassischen Physiker mit Grausen erfüllen mußte.

Die Schrödingersche Wellenmechanik, die eine nichtrelativistische Theorie der Materie war und der Materie einen Wellencharakter unterstellte, wurde von Dirac mit der speziellen Relativitätstheorie in Einklang gebracht. Dirac formulierte die *relativistische Gleichung des Elektrons,* die völlig neue Aussagen zum Aufbau der Materie lieferte und im Jahr 1931 zur Vorhersage eines Teilchens mit positiver Ladung (des Positrons) durch Dirac führte, welches im darauffolgenden Jahr auch experimentell nachgewiesen werden konnte.

In den folgenden Jahren konnte die Quantenmechanik weitere beeindruckende Erfolge erzielen.
Neue Theorien wie zum Beispiel die Elementarteil-
chentheorien erwuchsen aus ihr und damit auch die
Theorien der starken und schwachen Wechselwir-
kungskräfte, auf die Stephen Hawking in seinem Vortrag ja ausführlich eingeht.

Wie Stephen Hawking ebenfalls ausführt, ist es bis
heute noch nicht gelungen, eine befriedigende Kopplung zwischen Allgemeiner Relativitätstheorie und
Quantenmechanik zu bewerkstelligen. Eine einheitliche Theorie, die Quantenmechanik und Allgemeine
Relativitätstheorie verbindet, existiert noch nicht.
Gerade eine solche Kopplung der durch die Allgemeine Relativitätstheorie beschriebenen Gravitation
und der durch die Quantenmechanik beschreibbaren
anderen Wechselwirkungen wird besonders in Stephen
Hawkings Spezialgebiet, der Kosmologie, benötigt.

Aber auch ohne diese Kopplung kann die Kosmologie auf eine Reihe von Erfolgen verweisen. So gelang zum Beispiel Stephen Hawking und Roger Penrose in den Jahren 1965 bis 1968 der Nachweis, daß,
vorausgesetzt die physikalischen Gesetze sind korrekt, das Universum in einem Urknall entstanden sein
muß, eine Aussage, von der Stephen Hawking sich
heute eher distanziert. 1975 formulierte Hawking
durch Berücksichtigung quantenmechanischer Effek-
te das bisher für unmöglich gehaltene: Schwarze
Löcher haben eine Temperatur, sie strahlen – und

zwar um so stärker, je weniger Masse sie besitzen. Da nach der Speziellen Relativitätstheorie aber Masse und Energie äquivalent sind, bedeutet dies gleichzeitig, daß Schwarze Löcher »verdampfen« können. Hawking brachte damit eine bisher als »gesichert« angesehene Theorie zu Fall.

Die Kosmologie versucht also, Aussagen über die Welt als Ganzes, ihre mögliche Entstehung und ihr vermutetes Ende zu machen, wobei sie unter Beachtung und Verwendung aller bekannten physikalischen Gesetze die beobachtbaren Eigenschaften unseres Kosmos zu beschreiben und zu erklären versucht.

Im Gegensatz zu allen erdgebundenen Wissenschaften stehen ihr nur sehr wenige Laborexperimente, mit denen sie ihre Aussagen überprüfen kann, zur Verfügung. Sie ist für die meisten der von ihr postulierten Phänomene ausschließlich auf nicht beeinflußbare Beobachtungsdaten angewiesen, da ihr »Laboratorium«, der Kosmos, keine direkten Experimente zuläßt. Die Kosmologie kann also als der Teil der Naturwissenschaften aufgefaßt werden, der deutlich macht, wie zuverlässig die naturwissenschaftlichen Aussagen wirklich sind. Sie vermittelt viel weniger das Gefühl, daß die physikalischen Begriffe und deren mathematische Fassung direkt aus dem Verhalten der Natur ableitbar sind. Vielmehr macht sie den Anteil, den Phantasie und Willkür im menschlichen Versuch, die Natur zu beschreiben, haben, deutlich.

Die Situation der physikalischen Wissenschaften

gegen Ende des 20. Jahrhunderts ist der vergleichbar, die gut hundert Jahre vorher auch existierte. Bis auf einige wenige Schwierigkeiten scheint der Prozeß der Auffindung »letzter Naturgesetze« abgeschlossen zu sein. Die Entwicklung einer Vereinheitlichten Theorie und damit der Abschluß der gesamten theoretischen Physik scheint, so Stephen Hawkings provokante These, nur noch eine Frage der Zeit. Quantenmechanik und Allgemeine Relativitätstheorie bilden den Grundstock für diese Theorie, wobei der Schwerpunkt auf der Quantenmechanik liegt. Ob diese »optimistische« Sicht wirklich der Realität entspricht, entscheidet letztendlich die Geschichte. Zweifel sind angebracht und werden auch formuliert. So artikuliert Roger Penrose seine Zweifel an einer allzu schnellen Vollendung der theoretischen Physik. Er glaubt, daß ein konsistenteres Schema der Naturbeschreibung gefunden werden müsse, das »einige wirklich radikale neue Gedanken zur Raum-Zeit-Struktur aufweist«. Seiner Meinung nach sei »unser heutiges Bild der physikalischen Realität reif [...] für einen totalen Umbruch – größer vielleicht als der, der schon durch die moderne Relativitätstheorie und Quantenmechanik eingetreten ist.«

Über Stephen W. Hawking

»Ich wurde am 8. Januar 1942 geboren, genau dreihundert Jahre nach Galileis Tod. Ich schätze aber, daß noch ungefähr zweihunderttausend andere Kinder an diesem Tag geboren worden sind. Ich weiß nicht, ob sich eines von ihnen später für Astronomie interessierte«, sagt Stephen W. Hawking in dem Film *Eine kurze Geschichte der Zeit.*

Stephen William Hawking war das erste der fünf Kinder von Frank und Isobel Hawking. Sein Vater, der 1986 starb, war als Arzt und Biologe auf Tropenkrankheiten spezialisiert, seine Mutter hat Politik, Philosophie und Wirtschaftswissenschaften in Oxford studiert. Die Familie Hawking legte auf Zusammenhalt und auf Bildung großen Wert. Ihr Zuhause war vollgestopft mit Büchern. Die Hawkings galten als intelligent und klug, aber auch als sehr exzentrisch.

Stephen besuchte zunächst die St. Albans's School und ab 1959 das University College der Universität Oxford. Gegen den Willen seiner Vaters – er hätte es lieber gesehen, wenn Stephen Mediziner geworden wäre – studierte er dort Mathematik und Physik. Er fiel als Schüler und auch später als Student weniger durch seine herausragende Intelligenz als vielmehr durch seine Faulheit auf. Dennoch galt er als sehr wißbegierig und konnte, wenn es darauf an kam, komplizierte Aufgaben in ganz kurzer Zeit lösen. Hawking hat ausgerechnet, daß er in den drei Jahren seines Studiums an der Universität Oxford lediglich tausend Stunden gearbeitet hat, was einem Tagesdurchschnitt von einer Stunde entspricht. Er zeigte nur wenig Interesse an dem Stoff, den er lernen sollte. Wenn er die Aufgabe bekam, ein Buch durchzuarbeiten, löste er meistens nicht die gestellten Aufgaben, sondern kreuzte lediglich die Fehler an, die die Autoren gemacht hatten.

In die Studentenzeit Stephen Hawkings fielen auch die Anfänge seiner Krankheit. Da er immer ungeschickter und seine Bewegungen immer unkoordinierter wurden, tippten die Ärzte zunächst auf einen Gehirntumor. Doch schon sehr rasch stellte man die Diagnose: Amyotrophische Lateralsklerose (ALS). Die ALS ist die häufigste unter allen Systematrophien des Nervenssystems und tritt sporadisch auf. Sie geht einher mit dem schrittweisen Abbau von Nervenzellen in Rückenmark und Gehirn. Die Krankheit beginnt bevorzugt mit Muskelschwund an den Händen und mit undeutlicher Aussprache und Schluckbeschwerden. Endzustände der ALS zeigen hochgradige Lähmungsbilder mit schwerem Muskelschwund und spastischen Erscheinungen. Es gibt bis jetzt noch keine erfolgreiche Behandlungsmethode für diese Krankheit.

Nachdem sie die Diagnose gestellt hatten, gaben die Ärzte Stephen Hawking noch etwa zwei Jahre zu leben. Mit dieser Nachricht konfrontiert, änderte sich sein Leben gewaltig: »Bevor meine Krankheit er-

kannt worden war, hat mich das Leben ziemlich ge-
langweilt. Nichts schien mir irgendeiner Mühe wert zu
sein. [...] Eine Auswirkung meiner Krankheit war:
Wenn einem ein früher Tod droht, begreift man, welchen Wert das Leben hat.«

Hawking schloß sein Studium mit Auszeichnung ab
und begann mit der Arbeit an seiner Promotion.
Zunächst kam er nicht recht voran; er glaubte, die Arbeit nicht mehr rechtzeitig vor seinem Tod abschlie-
ßen zu können. Doch dann verlangsamte sich der
Krankheitsverlauf, und Stephen Hawking schöpfte
wieder Mut: »Ich starb nicht. Obwohl eine düstere
Wolke meine Zukunft verdunkelte, stellte ich zu meiner Überraschung fest, daß mir das Leben schöner erschien als zuvor.« Hawking mußte sich zwar ab sofort
beim Gehen auf einen Stock stützen, aber sein Leben
war nicht mehr akut gefährdet. 1966 promovierte er
zum Ph. D.

Im Winter 1963 lernte Stephen Hawking auf einer
Party Jane Wilde kennen. Sie verliebten sich ineinan-
der, verlobten sich und heirateten 1965, kurz nachdem
die Universität Cambridge Stephen Hawking ein For-
schungsstipendium bewilligt hatte. Aus der Begeg-
nung mit Jane und aus ihrer Zuversicht konnte Stephen Hawking Kraft schöpfen. Mit ihrer Hilfe kam
seine Freude an der Arbeit zurück, durch sie gewann
er wieder Lebensmut. 1967 wurde ihr erstes Kind
Robert geboren, die Tochter Lucy 1970 und ein zwei-
ter Sohn, Timmy, 1979.

In den Jahren zwischen 1965 und 1970 arbeitete Stephen Hawking im Department of Applied Mathematics and Theoretical Physics (DAMTP – Abteilung für angewandte Mathematik und theoretische Physik) der Universität Cambridge. Dort entwickelte er gemeinsam mit dem Physiker Roger Penrose neue mathematische Verfahren, die die Anfangsbedingungen des Universums klarer darzustellen vermochten. Hawkings größtes Interesse galt der Frage, wie das Universum hatte entstehen können und wie es beschaffen ist.

Zu Beginn der siebziger Jahre entdeckte Stephen Hawking sein Interesse an Schwarzen Löchern. Und dies änderte auch seine wissenschaftliche Perspektive: Hatte er sich bisher mit der Kosmologie, dem Studium des sehr Großen, beschäftigt, so mußte er nun den Blickwinkel wechseln und sich mit der Quantenmechanik, dem Studium des sehr Kleinen, beschäftigen. Stephen Hawking war einer der ersten theoretischen Physiker, die den Versuch machten, die beiden großen Theorien des 20. Jahrhunderts, die Quantenmechanik und die Relativitätstheorie, in ihren Studien zusammenzufügen.

1974 machte Hawking die revolutionäre Entdeckung, daß Schwarze Löcher nicht – wie bisher angenommen – schwarz sind, weil sie aufgrund eines quantenmechanischen Effekts wie heiße Körper strahlen. Damit hatte er einen bedeutenden Beitrag zur Vereinheitlichung von Quantenmechanik, allgemeiner Relativitätstheorie und Thermodynamik geliefert. Und diese Studien sorgten für weltweites Aufsehen und begründeten seinen Erfolg.

Während sein Ruhm stetig zunahm (1974 wurde er in die Royal Society, eine der bedeutendsten wissenschaftlichen Akademien der Welt, aufgenommen; 1975 verlieh der Vatikan Hawking die Pius-XII.-Medaille; 1977 wurde er zum Professor für angewandte Mathematik und theoretische Physik in Cambridge ernannt; er bekam unzählige internationale Preise und Ehrendoktorwürden zuerkannt; Königin Elisa-

beth von England ernannte ihn zum Commander of the British Empire), verschlechterte sich sein Gesundheitszustand mit jedem Tag. Er konnte nur noch mit Mühe alleine laufen, seine körperliche Beweglichkeit wurde immer geringer, die Muskelschwäche nahm zu. Aber er hatte den eisernen Willen, sich selbst nicht als krank zu betrachten. Seine Biographin, Kitty Ferguson, sagt über Stephen Hawkings Haltung zu seiner Krankheit: »Je weniger Umstände man um Hawkings physische Probleme macht, desto besser. [...] Eines der bedeutendsten Dinge, die man über Stephen Hawking lernen kann, ist, wie unbedeutend seine Behinderung ist. Es ist einfach nicht angemessen, ihn als einen kranken Menschen zu beschreiben. Gesundheit schließt wesentlich mehr ein als die körperliche Verfassung, und in diesem weiter gefaßten Sinne gehörte er während seines ganzen Lebens zu den gesündesten Menschen.«

1979 wurde Stephen Hawking die große Ehre zuteil, zum Lucasischen Professor für Mathematik am Trinity College der Cambridge University gewählt zu werden. Diesen Lehrstuhl hatte einst Sir Isaac Newton innegehabt. Die Urkunde, die diese Ernennung rechtskräftig machte, war das letzte Dokument, das Stephen Hawking eigenhändig unterzeichnet hat.

1982 begann Stephen Hawking mit der Arbeit an seinem bekanntesten Buch, *A Brief History of Time: From the Big Bang to Black Holes* (dt.: Eine kurze Geschichte der Zeit – Die Suche nach der Urkraft des

Universums, 1988). Die Ausarbeitung lag 1984 in einer ersten Fassung vor. Er schrieb dieses populärwissenschaftliche Buch, in dem er jedem nicht naturwissenschaftlich vorgebildeten Leser die Grundlagen des Universums mit seinen Schwarzen Löchern, Ereignishorizonten und Weißen Zwergen erklärte, weil er mit dem Autorenhonorar das Schulgeld für seine Tochter

Lucy bezahlen wollte. Inzwischen könnte er von seinem Honorar wohl das Schulgeld einer ganze Klasse übernehmen, denn das Buch entwickelte sich sehr rasch zu einem Weltbestseller. Hawking stellte in diesem Buch die berühmte Frage: »Was war zuerst da, die Henne oder das Ei? Hatte das Universum einen Anfang, und wenn, was geschah davor? Woher kommt das Universum, und wohin entwickelt es sich?«

Während einer Reise nach Genf, die er 1986 unternahm, erkrankte er an einer schweren Lungenentzündung. Er drohte zu ersticken und kämpfte mit dem Tod. Die Ärzte retteten sein Leben, indem sie einen Luftröhrenschnitt durchführten und seinen Kehlkopf entfernten. Der Preis für sein Leben war der unwiderbringliche Verlust seiner Sprache. Er atmet seitdem nicht mehr durch Nase und Mund, sondern durch eine kleine Öffnung am Hals. Verständigen kann er sich seit diesem Zeitpunkt nur noch mittels eines an seinen Rollstuhl montierten Computers, der auch über einen Sprachsynthesizer verfügt.

Auch von diesem Schicksalsschlag ließ sich Stephen Hawking nicht entmutigen. Wieder waren es sein Humor, sein Lebensmut und sein Optimismus, die ihn dazu brachten, das Beste aus der Situation zu machen: »Ich kann mich heute besser verständigen als vor dem Verlust meiner Stimme«, sagte er damals und machte sich nach seiner Genesung als erstes daran, sein Buch nochmals zu überarbeiten, damit es für kosmologische Laien noch verständlicher wurde.

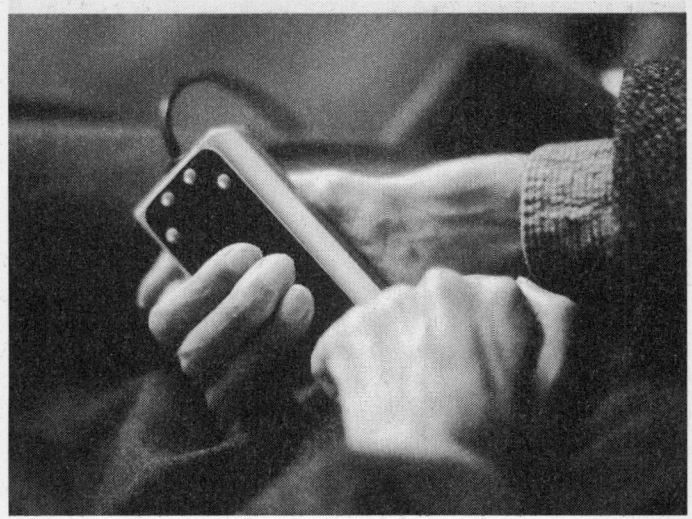

Hawking genießt den Medienrummel, der sich seit Erscheinen seines Buches auf ihn konzentriert. Er freut sich über die vielen Ehrungen und die Einladungen, an fremden Universitäten Gastvorlesungen zu halten, denn er liebt es zu reisen. Auch die Idee, aus *Eine kurze Geschichte der Zeit* einen Film zu machen, nahm er begeistert an. Zufrieden resümmierte er damals: »Ich habe eine wundervolle Familie, ich habe viel Erfolg bei meiner Arbeit, und ich habe einen Bestseller geschrieben. Mehr kann man wirklich nicht verlangen.«

Inzwischen hat sich Hawking in beiderseitigem Einvernehmen von seiner Frau Jane nach fünfundzwanzigjähriger Ehe getrennt. Diese Trennung hat da-

zu geführt, daß er sich noch intensiver seiner Arbeit
widmet. Und es ist immer noch die gleiche Frage, die
Stephen Hawking beschäftigt, nämlich die Frage nach
dem Grund für die Existenz des Universums. Und
noch immer ist er auf der Suche nach der vollständigen, einheitlichen Theorie, die das Ende der theoretischen Physik bedeuten würde.

Stichwort

Die neue Informationsreihe im Heyne Taschenbuch vermittelt Wissen in kompakter Form. Anschaulich und übersichtlich, kompetent, verständlich und vollständig bietet sie den schnellen Zugriff zu den aktuellen Themen des Zeitgeschehens. Jeder Band präsentiert sich zweifarbig auf rund 96 Seiten, enthält zahlreiche Grafiken und Übersichten, ein ausführliches Register und eine Liste mit weiterführender Literatur.

Allergien
19/4030

Autismus
19/4019

Asylrecht
19/4005

Börse
19/4008

Buddhismus
19/4015

Chaosforschung
19/4033

D-Mark
19/4021

EG
19/4000

Freimaurer
19/4020

**GUS:
Völker und Staaten**
19/4002

Habsburger
19/4022

Intelligenz
19/4028

Islam
19/4007

30. Januar 1933
19/4016

**Das ehemalige
Jugoslawien**
19/4023

**Die Katholische
Kirche**
19/4010

Klima
19/4009

Marktwirtschaft
19/4003

Psychotherapien
19/4006

Rechtsextremismus
19/4025

UNO
19/4024

Wilhelm Heyne Verlag
München

HEYNE BÜCHER

Menschen, die die Welt bewegten

»Was will man uns noch mit dem Schicksal! – Politik ist das Schicksal.«   Napoleon zu Goethe

Erich Eyck
Bismarck und das Deutsche Reich
12/9

Ivan Cloulas
Die Borgias
Biographie einer Familiendynastie
12/226

Michael Grant
Caesar
Genie – Eroberer – Diktator
12/35

G. P. Gooch
Friedrich der Große
Preußens legendärer König
12/12

André Castelot
Heinrich IV.
König von Frankreich und Navarra
12/214

John Stewart Collis
Kolumbus
Aufbruch zu neuen Welten und Zeiten
12/212

Franz Herre
Ludwig II.
Bayerns Märchenkönig – Wahrheit und Legende
12/206

Marcel Brion
Die Medici
Eine Florentiner Familie
12/20

Vincent Cronin
Napoleon
Krieger und Staatsmann
12/100

Wilhelm Heyne Verlag
München